実用数学技能検定

文章題 練習帳

THE MATHEMATICS CERTIFICATION INSTITUTE OF JAPAN [THE 7th GRADE]

7級

公益財団法人 日本数学検定協会

まえがき

　小学校であつかう数の範囲では,「ある数を1よりも小さい数でわると答えは大きくなります」が, それはいったいなぜなのでしょうか。

　この質問にきちんと答えられるのは大人でも少ないと思います。その理由は, わり算の意味をきちんと理解していないことが原因です。

　小学校で習う算数の内容は, 数や形にふれあいながら, たし算, ひき算を理解し, さらに九九を覚えながらかけ算を学び, わり算へとつながっていきます。四則演算のツールが出そろったところで, たし算とかけ算などが組み合わさったときの計算のルールを学んだり, 大きな数や小数, 分数といった新しいアイテムを使って計算したりするなど, どんどんと学ぶ内容が増えていきます。ここで大事なのは, どの内容にもむだがないということです。教科書によって学ぶ順番に違いはあるものの, 大まかにとらえると過去に習っていた内容は今の学習につながり, そこで得られた知識は次の学年で習う内容へとつながっていきます。また小学校で習う算数の理解度が高いか低いかによって, 中学校以降で学ぶ数学が得意になるかどうかが決まってくるわけです。

　「実用数学技能検定(算数検定)」6～8級では, 小学生が苦手とする内容が出題されることもあります。しかし, わからない問題に直面したときは, あわてずにすでに習った学習内容を復習して, その学習内容がどのようにいま習っている学習内容につながっているかをよく考えてみることが大事です。こうした学習のくり返しによって, 算数の本当の力が身についていくことになります。そして算数検定は, そうした自分の算数力を確かめるためのツールとなっています。

　算数検定を使って自分の算数力を確認し, あらためてかけ算やわり算の本当の意味を理解してください。そしてくり返しとなりますが,「ある数を1よりも小さい数でわると答えは大きくなる」その理由を, 自分自身で見つけだしてください。

公益財団法人 日本数学検定協会

目次

まえがき	3
目次	5
この本の使い方	6
検定概要	8
受検方法	9
階級の構成	10
7級の検定基準(抄)	11

第1章　数と式に関する問題　13
- 1-1　倍数と約数 …… 14
- 1-2　小数 …… 18
- 1-3　分数 …… 22
- 1-4　大きな数とがい数 …… 26
- 1-5　式にしてみよう …… 28
- 確認テスト …… 34

第2章　単位量あたりの大きさ　37
- 2-1　平均 …… 38
- 2-2　単位量あたりの大きさ …… 40
- 確認テスト …… 44

第3章　割合と百分率　47
- 3-1　割合と百分率 …… 48
- 確認テスト …… 52

第4章　表とグラフに関する問題　55
- 4-1　表と折れ線グラフ …… 56
- 4-2　帯グラフと円グラフ …… 60
- 4-3　まちがいをさがそう …… 64
- 確認テスト …… 68

チャレンジ！長文問題　71

付録　図形に関する問題　77
- 1　図形の角 …… 78
- 2　面積 …… 80
- 3　正多角形と円 …… 82
- 4　合同な図形 …… 86
- 5　いろいろな立体 …… 88
- 6　体積 …… 92
- 確認テスト …… 94

解答と解説　97

この本の使い方

　この本は文章題を中心とした問題集です。
　問題を解くために必要な情報を，問題文から正しく読み取れるようになることを目指しています。
　「例題」「練習」「確認テスト」の順に問題を解いて，問題文の読みかたを身に付けましょう。
※『算数検定』受検に対応するように，付録として図形問題ものせています。

1 例題を読む

重要な部分には，問題文に色や下線が付いています。
どこに注目すればよいか，考えながら読みましょう。

特に大切な部分には
双眼鏡マーク🔭が付いています。

公式や用語の説明，問題を解くためのポイントです。
しっかり覚えましょう。

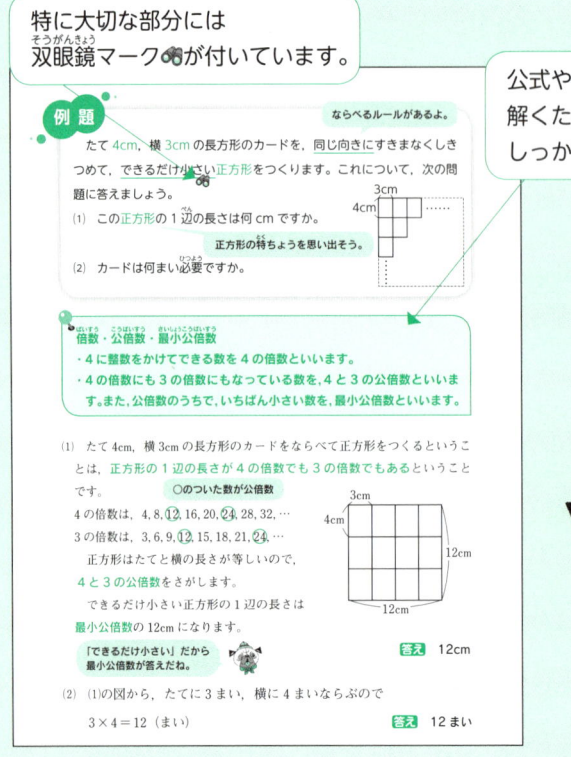

ぼくたちからのヒントもあるよ。

2 練習問題を解く

穴うめ問題になっています。
例題の考えかたを参考にしながら穴うめしましょう。

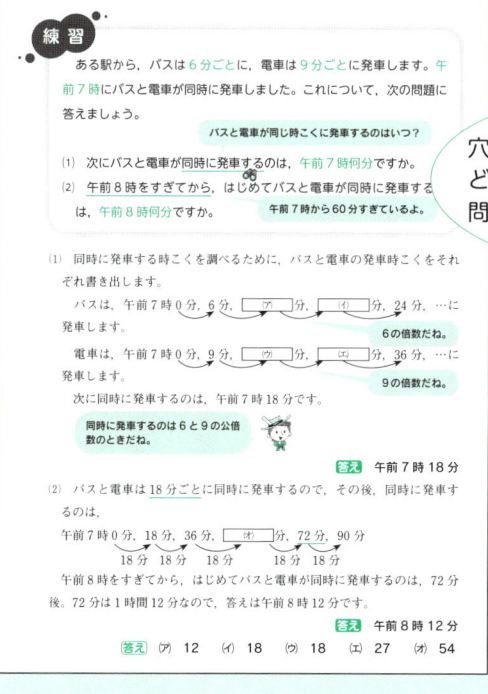

穴うめ問題だからわかりやすいね。
どんな解きかたをすればよいか、
問題文を確認しながら進めよう。

3 確認テストを解く

章の最後には確認テストがあります。問題文に色や下線は付いていません。
自分で問題を読み解くことができるか、チャレンジしてみましょう。

長文問題にチャレンジ！

付録の前に、チャレンジ問題として長文問題をのせています。
日常会話や資料などの長文を読んで、必要な情報を見つけ出し、問題を解いてみましょう。

検定概要

「実用数学技能検定」とは

「実用数学技能検定」(後援＝文部科学省。対象：1～11級)は，数学・算数の実用的な技能(計算・作図・表現・測定・整理・統計・証明)を測る「記述式」の検定で，公益財団法人日本数学検定協会が実施している全国レベルの実力・絶対評価システムです。

検定階級

1級，準1級，2級，準2級，3級，4級，5級，6級，7級，8級，9級，10級，11級，かず・かたち検定のゴールドスター，シルバースターがあります。おもに，数学領域である1級から5級までを「数学検定」と呼び，算数領域である6級から11級，かず・かたち検定までを「算数検定」と呼びます。

1次：計算技能検定／2次：数理技能検定

数学検定(1～5級)には，計算技能を測る「1次：計算技能検定」と数理応用技能を測る「2次：数理技能検定」があります。算数検定(6～11級，かず・かたち検定)には，1次・2次の区分はありません。

「実用数学技能検定」の特長とメリット

①「記述式」の検定

解答を記述することで，答えに至る過程や結果について理解しているかどうかをみることができます。

②学年をまたぐ幅広い出題範囲

準1級から10級までの出題範囲は，目安となる学年とその下の学年の2学年分または3学年分にわたります。1年前，2年前に学習した内容の理解についても確認することができます。

③取り組みがかたちになる

検定合格者には「合格証」を発行します。算数検定では，合格点に満たない場合でも，「未来期待証」を発行し，算数の学習への取り組みを証します。

合格証

未来期待証

受検方法

受検方法によって、検定日や検定料、受検できる階級や申込方法などが異なります。くわしくは公式サイトでご確認ください。

個人受検

個人受検とは、協会が全国主要都市に設けた個人受検会場で受検する方法です。検定は年に3回実施します。

提携会場受検

提携会場受検とは、協会が提携した機関が設けた会場で受検する方法です。実施する検定回や階級は、会場ごとに異なります。

団体受検

団体受検とは、学校や学習塾などで受検する方法です。団体が選択した検定日に実施されます。
くわしくは学校や学習塾にお問い合わせください。

検定日当日の持ち物

階級 持ち物	数学検定 1～5級	算数検定 6～8級	算数検定 9～11級	かず・かたち検定
受検証(写真貼付)※1	必須	必須	必須	
筆記用具※2	必須	必須	必須	必須
ものさし(定規)	2次のみ必須	必須	必須	
コンパス	2次のみ必須	必須		
分度器		必須		
電卓(算盤)※3	2次のみ持参してもよい			

※1 個人受検と提携会場受検のみ
※2 使用できる筆記用具の種類 ○鉛筆(黒、HB・B・2B)またはシャープペンシル(黒) ○消しゴム
※3 使用できる電卓の種類 ○一般的な電卓 ○関数電卓 ○グラフ電卓
　　通信機能や印刷機能をもつ電卓は使用できません。

階級の構成

	階級	構成	検定時間	出題数	合格基準	目安となる学年
数学検定	1級	1次： 計算技能検定 2次： 数理技能検定 があります。 はじめて受検するときは1次・2次両方を受検します。	1次：60分 2次：120分	1次：7問 2次：2題必須・ 5題より 2題選択	1次： 全問題の70% 程度 2次： 全問題の60% 程度	大学程度・一般
	準1級					高校3年程度 (数学Ⅲ程度)
	2級		1次：50分 2次：90分	1次：15問 2次：2題必須・ 5題より 3題選択		高校2年程度 (数学Ⅱ・数学B程度)
	準2級			1次：15問 2次：10問		高校1年程度 (数学Ⅰ・数学A程度)
	3級		1次：50分 2次：60分	1次：30問 2次：20問		中学校3年程度
	4級					中学校2年程度
	5級					中学校1年程度
算数検定	6級	1次／2次の区分はありません。	50分	30問	全問題の70% 程度	小学校6年程度
	7級					小学校5年程度
	8級					小学校4年程度
	9級		40分	20問		小学校3年程度
	10級					小学校2年程度
	11級					小学校1年程度
かず・かたち検定	ゴールドスター			15問	10問	幼児
	シルバースター					

7級の検定基準（抄）

検定内容および技能の概要

検定の内容	技能の概要	目安となる学年
整数や小数の四則混合計算，約数・倍数，分数の加減，三角形・四角形の面積，三角形・四角形の内角の和，立方体・直方体の体積，平均，単位量あたりの大きさ，多角形，図形の合同，円周の長さ，角柱・円柱，簡単な比例，基本的なグラフの表現，割合や百分率の理解 など	**身近な生活に役立つ算数技能** 1. コインの数や紙幣の枚数を数えることができ，金銭の計算や授受を確実に行うことができる。 2. 複数の物の数や量の比較を円グラフや帯グラフなどで表示することができる。 3. 消費税などを算出できる。	小学校5年程度
整数の四則混合計算，小数・同分母の分数の加減，概数の理解，長方形・正方形の面積，基本的な立体図形の理解，角の大きさ，平行・垂直の理解，平行四辺形・ひし形・台形の理解，表と折れ線グラフ，伴って変わる2つの数量の関係の理解，そろばんの使い方 など	**身近な生活に役立つ算数技能** 1. 都道府県人口の比較ができる。 2. 部屋，家の広さを算出することができる。 3. 単位あたりの料金から代金が計算できる。	小学校4年程度

7級の検定内容は以下のような構造になっています。

小学校5年程度	小学校4年程度	特有問題
45%	45%	10%

※割合はおおよその目安です。
※検定内容の10％にあたる問題は，実用数学技能検定特有の問題です。

1章 数と式に関する問題

> ならべるルールがあるよ。

例題

たて 4cm，横 3cm の長方形のカードを，同じ向きにすきまなくしきつめて，できるだけ小さい正方形をつくります。これについて，次の問題に答えましょう。

(1) この正方形の1辺の長さは何 cm ですか。

> 正方形の特ちょうを思い出そう。

(2) カードは何まい必要ですか。

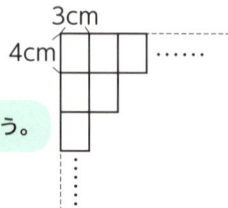

倍数・公倍数・最小公倍数

・4に整数をかけてできる数を4の倍数といいます。

・4の倍数にも3の倍数にもなっている数を，4と3の公倍数といいます。また，公倍数のうちで，いちばん小さい数を，最小公倍数といいます。

---

(1) たて 4cm，横 3cm の長方形のカードをならべて正方形をつくるということは，正方形の1辺の長さが4の倍数でも3の倍数でもあるということです。

○のついた数が公倍数

4の倍数は，4, 8, ⑫, 16, 20, ㉔, 28, 32, …

3の倍数は，3, 6, 9, ⑫, 15, 18, 21, ㉔, …

正方形はたてと横の長さが等しいので，

4と3の公倍数をさがします。

できるだけ小さい正方形の1辺の長さは

最小公倍数の 12cm になります。

> 「できるだけ小さい」だから最小公倍数が答えだね。

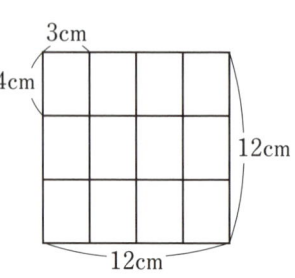

答え 12cm

(2) (1)の図から，たてに3まい，横に4まいならぶので

$3 \times 4 = 12$（まい）

答え 12まい

練習

ある駅から，バスは 6 分ごとに，電車は 9 分ごとに発車します。午前 7 時にバスと電車が同時に発車しました。これについて，次の問題に答えましょう。

> バスと電車が同じ時こくに発車するのはいつ？

(1) 次にバスと電車が同時に発車するのは，午前 7 時何分ですか。

(2) 午前 8 時をすぎてから，はじめてバスと電車が同時に発車するのは，午前 8 時何分ですか。

> 午前 7 時から 60 分すぎているよ。

(1) 同時に発車する時こくを調べるために，バスと電車の発車時こくをそれぞれ書き出します。

バスは，午前 7 時 0 分，6 分，[(ア)] 分，[(イ)] 分，24 分，…に発車します。

> 6 の倍数だね。

電車は，午前 7 時 0 分，9 分，[(ウ)] 分，[(エ)] 分，36 分，…に発車します。

> 9 の倍数だね。

次に同時に発車するのは，午前 7 時 18 分です。

> 同時に発車するのは 6 と 9 の公倍数のときだね。

答え 午前 7 時 18 分

(2) バスと電車は 18 分ごとに同時に発車するので，その後，同時に発車するのは，

午前 7 時 0 分，18 分，36 分，[(オ)] 分，72 分，90 分
　　　　　　18 分　18 分　18 分　　18 分　18 分

午前 8 時をすぎてから，はじめてバスと電車が同時に発車するのは，72 分後。72 分は 1 時間 12 分なので，答えは午前 8 時 12 分です。

答え 午前 8 時 12 分

答え (ア) 12　(イ) 18　(ウ) 18　(エ) 27　(オ) 54

例題

りんごが 12 個，みかんが 18 個あります。これについて，次の問題に答えましょう。

> 約数が関係するよ。

(1) どちらも同じ数ずつ，できるだけ多くの人にあまりが出ないように配るとき，何人に配ることができますか。

(2) (1)のとき，りんごとみかんは，1 人に何個ずつ配ることができますか。

> りんごとみかんの個数をそれぞれ求めよう。

約数・公約数・最大公約数
- 12 をわり切ることのできる整数を，12 の約数といいます。
- 12 の約数にも 18 の約数にもなっている数を，12 と 18 の公約数といいます。また，公約数のうちで，いちばん大きい数を，最大公約数といいます。

(1) りんごもみかんもあまりが出ないように配るので，12 と 18 の公約数を考えます。

> ○のついた数が公約数

12 の約数は，①，②，③，4，⑥，12 です。
18 の約数は，①，②，③，⑥，9，18 です。
12 と 18 の公約数は，1，2，3，6 です。

> 12 と 18 の公約数の中で，いちばん大きい数だよ。

できるだけ多くの人に配るので，最大公約数を求めます。
最大公約数は 6 なので，6 人に配ることができます。

> 「できるだけ多く」だから最大公約数が答えだね。

 答え 6 人

(2) りんご 12 個を 6 人に分けるから，1 人分は，12 ÷ 6 = 2（個）
みかん 18 個を 6 人に分けるから，1 人分は，18 ÷ 6 = 3（個）

> （1 人分の数）=（全部の個数）÷（人数）で求められるよ。

答え りんご 2 個，みかん 3 個

練習

> わり切れるってことだね。

たて 45cm，横 63cm の長方形の紙があります。この紙をあまりが出ないように，同じ大きさの正方形に切り分けます。できるだけ大きな正方形に切り分けるとき，次の問題に答えましょう。

(1) 正方形の1辺の長さは何cm になりますか。

> 正方形の特ちょうを思い出そう。

(2) 正方形の紙は何まいできますか。

> たて，横それぞれ何まいに切り分けられるかな？

(1) 長方形を切り分けて正方形をつくるということは，正方形の1辺の長さがたて45cmの約数，横63cmの約数になるということです。

45の約数は，1，㋐，5，㋑，15，45 です。
63の約数は，1，3，㋒，9，㋓，63 です。
正方形はたてと横の長さが等しいので，公約数をさがします。
45と63の公約数は，1，㋔，㋕ です。
できるだけ大きな正方形に切り分けるので，1辺の長さは最大公約数の9cm になります。

答え 9cm

> 何等分できるかを考えよう。

(2) たては，45 ÷ ㋖ ＝ 5，
横は，63 ÷ ㋖ ＝ 7
に切り分けられるので，正方形の紙は，
全部で 5×7 ＝ 35（まい）

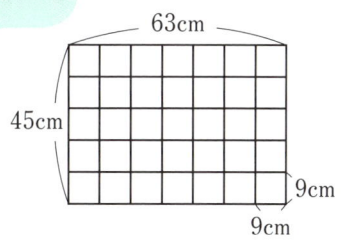

答え 35まい

答え ㋐ 3　㋑ 9　㋒ 7　㋓ 21　㋔ 3　㋕ 9　㋖ 9

倍数と約数　17

例題

0.3Lの水が入っているコップが4つあります。これについて，次の問題に答えましょう。

水の量の合計だね。

(1) 水は，全部で何Lありますか。
(2) 4つのコップに入っている水全部を，6つの小さいコップに同じ量ずつ入れなおすと，小さいコップ1つに入る水の量は何Lになりますか。

1つ分の量を計算しよう。

(1) 0.3Lの4つ分なので，0.3を4倍します。

$0.3 \times 4 = 1.2$ (L)

0.3は0.1が3個
0.3×4は，0.1が
3×4＝12（個）になるよ。

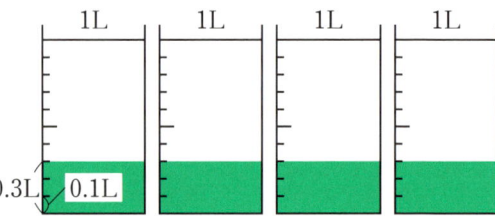

0.3Lは3dLだから 3×4＝12(dL)
12dLは1.2Lと考えてもいいね。

答え　1.2L

(2) 1.2Lの水を6等分するから，わり算を使います。

$1.2 \div 6 = 0.2$ (L)

1.2は0.1が12個
1.2÷6は，0.1が
12÷6＝2（個）になるよ。

1.2Lは12dLだから 12÷6＝2(dL)
2dLは0.2Lと考えてもいいね。

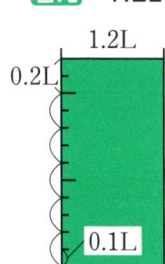

答え　0.2L

練習

0.46kg の米が入っているふくろが 18 ふくろあります。これについて，次の問題に答えましょう。

筆算を使って計算してみよう。

(1) 米は，全部で何 kg ありますか。
(2) この米を 23 個のますに同じ重さずつ入れました。1 個のますの重さが 60g のとき，米の入ったますの重さは 1 個あたり何 kg になりますか。 単位に注意

(1) 0.46kg の 18 倍が米全部の重さです。
0.46 × 18 ＝ 8.28 （kg）

```
    0.4 6
  ×   1 8
  ─────────
    3 ㋐ 8
  ㋑ 6
  ─────────
    8.2 8
```

0.46にそろえて小数点をうとう。

答え 8.28kg

(2) 8.28kg を 23 等分します。
8.28 ÷ 23 ＝ 0.36 （kg）
ますの重さ 60g を kg になおすと ［ ㋔ ］ kg

一の位に商がたたないので 0 をつけよう。

```
        0.3 6
     ─────────
  23)8.2 8
       6 ㋒
     ─────────
       1 3 8
       ㋓ 3 8
     ─────────
             0
```

8.28にそろえて商の小数点をうとう。

 1kg は 1000g だね。

米の重さとますの重さを合わせて，
0.36 ＋ 0.06 ＝ 0.42 （kg）

答え 0.42kg

答え ㋐ 6　㋑ 4　㋒ 9　㋓ 1　㋔ 0.06

> **例題**

Aのひもの長さは 9.5cm，Bのひもの長さは 3.8cm です。これについて，次の問題に答えましょう。

> AとCではどちらが長いかな？

(1) Cのひもの長さはAのひもの長さの 2.3 倍です。Cのひもの長さは何cm ですか。

> わる数とわられる数に注意しよう。

(2) Aのひもの長さはBのひもの長さの何倍ですか。

(1) Cのひもの長さは，Aのひもの長さ 9.5cm の 2.3 倍だから，
9.5 × 2.3 = 21.85（cm）

```
    9.5  ← 小数点より下のけた数 1
  × 2.3  ← 小数点より下のけた数 1
   ───
   2 8 5
  1 9 0
  ─────
  2 1.8 5  ← 小数点より下のけた数 2
```

積の，小数点から下のけた数は，
1 けた ＋ 1 けた ＝ 2 けた

答え 21.85cm

(2) Bのひもの長さをもとにしてAのひもの長さが何倍になるかを考えるので，Aのひもの長さがわられる数，Bのひもの長さがわる数になります。

（Aのひもの長さ）÷（Bのひもの長さ）
なので，
9.5 ÷ 3.8 = 2.5（倍）

①わる数とわられる数をそれぞれ 10 倍しよう。

```
        2.5
  3.8.)9.5.
      7 6
      ───
      1 9 0
      1 9 0
      ─────
          0
```

②答えの小数点の位置をそろえよう。

答え 2.5 倍

「○は△の何倍か」を求めるときは ○÷△で計算するよ。

20

練習

たての長さが 2.24m, 横の長さが 1.5m の長方形の土地があります。これについて，次の問題に答えましょう。

(1) この土地の面積は何 m² ですか。　単位に気をつけよう。

(2) (1)の 0.8 倍の面積の長方形の花だんを作ります。横の長さを 1.28m にするとき，たての長さは何 m にするとよいですか。

(1) 長方形の面積＝たて×横だから，　面積の単位だよ。

2.24 × □(ア) ＝ 3.36 (m²)

```
    2.2 4  ←小数点より下のけた数 (イ)
  ×   1.5  ←小数点より下のけた数 1
  ─────
    1 1 2 0
    2 2 4
  ─────
    3.3 6 0  ←小数点より下のけた数 (ウ)
```

小数点より右にある最後の0は消そうね。

積の，小数点から下のけた数は，
(イ)けた＋1けた＝(ウ)けた

答え 3.36m²

(2) 花だんの面積は，3.36 × 0.8 ＝ 2.688 (□(エ))

(たて) ＝ □(オ) ÷ (横) だから，

2.688 ÷ 1.28 ＝ 2.1 (m)

```
          2.(カ)
  1.28)2.6 8.8
       2 5 6
       ─────
         1 2 8
         1 2 8
       ─────
             0
```

①わる数とわられる数をそれぞれ 100 倍しよう。

②答えの小数点の位置をそろえよう。

小数でわるわり算は，わる数を整数になおして計算しよう。

答え 2.1m

答え (ア) 1.5　(イ) 2　(ウ) 3　(エ) m²　(オ) (長方形の)面積　(カ) 1

例題

ジュースがびんに $\frac{5}{7}$ L，ペットボトルに $1\frac{4}{7}$ L 入っています。

これについて，次の問題に答えましょう。

> 2つの量は分母が同じだね。

(1) びんとペットボトルのジュースは，合わせて何Lですか。

(2) ペットボトルに入っているジュースは，びんに入っているジュースより何L多いですか。

---

(1) びんのジュースの量 $\frac{5}{7}$ L と，ペットボトルのジュースの量 $1\frac{4}{7}$ L をたします。

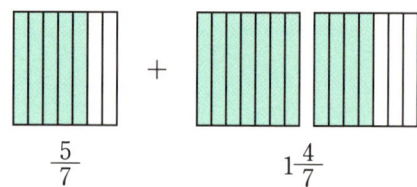

$$\frac{5}{7} + 1\frac{4}{7} = 1\frac{9}{7} = 2\frac{2}{7}$$

分数部分が仮分数になるときは帯分数になおそう。

分母が7で同じだから，分子どうしをたそう。

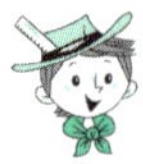

答え $2\frac{2}{7}$ L

(2) ペットボトルのジュースの量 $1\frac{4}{7}$ L から，びんに入っているジュースの量 $\frac{5}{7}$ L をひきます。

$$1\frac{4}{7} - \frac{5}{7} = \frac{11}{7} - \frac{5}{7} = \frac{6}{7}$$

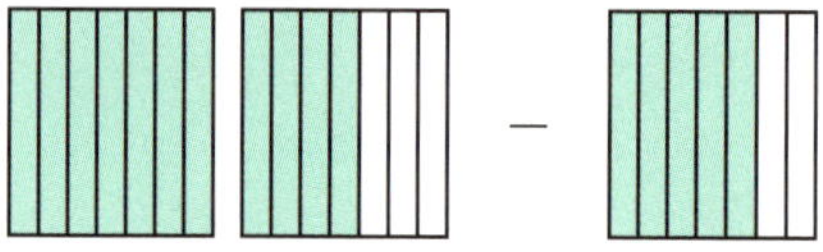

帯分数のまじった分数のたし算，ひき算では，帯分数の整数部分と分数部分を分けて計算したり，帯分数を仮分数になおしたりして計算しよう。

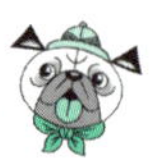

答え $\frac{6}{7}$ L

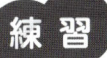

サラダ油が $1\frac{2}{7}$ L, 酢が $\frac{3}{4}$ L あります。これについて，次の問題に答えましょう。

(1) サラダ油と酢では，どちらがどれだけ多いですか。

(2) サラダ油を $\frac{5}{14}$ L, 酢を $\frac{1}{6}$ L 使ってドレッシングを作ります。できるドレッシングは何Lですか。

(3) (2)のとき，ドレッシングを作った後，サラダ油は何L残りますか。

> 分母がちがう分数の計算だよ。

(1) 分母のちがう分数を，それぞれの大きさを変えないで共通の分母にそろえることを通分するといいます。

サラダ油と酢の量をくらべるために，通分して分母をそろえます。

$1\frac{2}{7}$ の分母は7, $\frac{3}{4}$ の分母は4なので，7と4の ［ ア ］ の28で通分します。

> 分母を同じにすると分子の大きさでくらべられるね。

サラダ油の量は, $1\frac{2}{7} = \frac{9}{7} = \frac{36}{28}$ (L)　酢の量は, $\frac{3}{4} = \frac{21}{28}$ (L)

サラダ油の量が酢の量より, $\frac{36}{28} - \frac{21}{28} = \frac{15}{28}$ (L) 多い。

答え サラダ油が $\frac{15}{28}$ L 多い

(2) サラダ油の量と，酢の量をたします。分母を14と6の最小公倍数の ［ イ ］ で通分して計算します。

$$\frac{5}{14} + \frac{1}{6} = \frac{15}{［イ］} + \frac{7}{［イ］} = \frac{\overset{11}{22}}{\underset{21}{42}} = \frac{11}{21}$$

> 分母と分子はどちらも2でわることができるね。

> 14と6の最小公倍数で通分するよ。

答え $\frac{11}{21}$ L

(3) はじめにあったサラダ油の量 $1\frac{2}{7}$ L から，使ったサラダ油の量 $\frac{5}{14}$ L をひきます。

$$1\frac{2}{7} - \frac{5}{14} = \frac{9}{7} - \frac{5}{14} = \frac{［ウ］}{14} - \frac{5}{14} = \frac{13}{14}$$

答え $\frac{13}{14}$ L 残る

答え (ア) 最小公倍数　(イ) 42　(ウ) 18

例題

さとうが，小さいふくろに $\frac{3}{4}$ kg 入っています。これについて，次の問題に答えましょう。

(1) 大きいふくろに小さいふくろ 5 ふくろ分のさとうを入れました。大きいふくろに入っているさとうの重さは，何 kg になりますか。

(2) 大きいふくろに入っているさとうを 6 人で等分すると，1 人分は何 kg になりますか。

6人に同じ量ずつ分けるんだね。

(1) 大きいふくろに入っているさとうの重さは，小さいふくろ 1 ふくろ $\frac{3}{4}$ kg の 5 倍だから，

$$\frac{3}{4} \times 5 = \frac{3 \times 5}{4} = \frac{15}{4} = 3\frac{3}{4}$$

分数×整数の計算
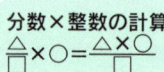

答え $3\frac{3}{4}$ kg

(2) 大きいふくろに入っている $3\frac{3}{4}$ kg のさとうを 6 人で分けるから，6 でわります。

$$3\frac{3}{4} \div 6 = \frac{15}{4} \div 6 = \frac{\overset{5}{\cancel{15}}}{4 \times \cancel{6}} = \frac{5}{8}$$

分数÷整数の計算
$\frac{\triangle}{\square} \div \bigcirc = \frac{\triangle}{\square \times \bigcirc}$

分母と分子はどちらも 3 でわることができるよ。

分母と分子を同じ数でわって，分母の小さい分数にすることを約分するといいます。

分母と分子に同じ数をかけたり，同じ数でわっても，分数の大きさは変わらないよ。

答え $\frac{5}{8}$ kg

練習

$1\frac{1}{9}$ L の紅茶が入ったペットボトルが 3 本あります。これについて，次の問題に答えましょう。

(1) この 3 本のペットボトルに入っている紅茶全部を空のポットに入れました。ポットに入っている紅茶は何 L ですか。

15 個に分けるよ。

(2) (1)のポットに入っている紅茶全部を 15 個のコップに等しい量ずつ入れるとき，1 個のコップに入る紅茶は何 L ですか。

(1) ペットボトル 1 本に入っている紅茶の量は $1\frac{1}{9}$ L だから，

$$1\frac{1}{9} \times \boxed{(ア)} = \frac{\boxed{(イ)}}{9} \times 3 = \frac{\overset{1}{10 \times \overset{}{3}}}{\underset{3}{9}} = \frac{\boxed{(エ)}}{\boxed{(ウ)}} = 3\frac{1}{3} \ (\text{L})$$

帯分数は仮分数になおして計算しよう。

計算のとちゅうで約分できるときは約分しよう。

答え $3\frac{1}{3}$ L

(2) ポットに入っている紅茶 $3\frac{1}{3}$ L を 15 個のコップに分けるから，

$$3\frac{1}{3} \div 15 = \frac{10}{3} \div 15 = \frac{\overset{\boxed{(オ)}}{10}}{\underset{\boxed{(カ)}}{3 \times 15}} = \frac{2}{9} \ (\text{L})$$

答え $\frac{2}{9}$ L

答え (ア) 3 (イ) 10 (ウ) 3 (エ) 10 (オ) 2 (カ) 3

例題

右の表は，ある遊園地の1か月の入場者数をおとなと子どもに分けてまとめたものです。これについて，次の問題に答えましょう。

遊園地の入場者数	
おとな	273526人
子ども	302416人

(1) おとなの入場者数はおよそ何人ですか。百の位を四捨五入して，千の位までのがい数で答えましょう。

> そのままたし算するのは計算が大変そうだね。

(2) おとなと子どもの入場者数を合わせると，およそ何人ですか。百の位を四捨五入して，千の位までのがい数にして計算しましょう。

がい数と四捨五入
・およその数のことをがい数といいます。
・四捨五入する位が，
　0，1，2，3，4のときは，切り捨てます。
　5，6，7，8，9のときは，切り上げます。

---

(1) おとなの入場者数は273526人です。
　　百の位は5なので，切り上げます。

答えには，およそをつけよう。

百の位から下の位はすべて0になるよ。千の位は1ふえるよ。

答え およそ274000人

(2) 求める位までのがい数にしてから計算します。
　　子どもの入場者数は302416人です。
　　百の位は4なので，切り捨てます。
　　274000 + 302000 = 576000 （人）

千の位はそのままだね。

答え およそ576000人

およその数にしてからたし算をすると計算しやすいね。

練習

右の表は，ある工場で4月から6月までに作られた製品の数を調べたものです。これについて，次の問題に答えましょう。

月ごとの製品の数

月	製品の数（個）
4月	112036
5月	133908
6月	176563

(1) 3か月間に作られた製品の合計は，およそ何個ですか。上から3けための数を四捨五入して，上から2けたのがい数にして計算しましょう。

何の位になるかな？

(2) 6月に作られた製品の数は，4月に作られた製品の数より，およそ何個多いですか。百の位を四捨五入して，千の位までのがい数にして計算しましょう。

 4月と6月の製品の数の差だね。

(1) 上から3けための数は ㋐ の位です。 ㋐ の位を四捨五入すると，

　4月は112036 → 110000
　5月は133908 → ㋑
　6月は176563 → ㋒

四捨五入のルールを思い出そう。

110000 + 130000 + 180000 = 420000（個）

はじめにおよその数にしてからたし算しよう。

答え およそ420000個

(2) 百の位を四捨五入すると，

　4月は112036 → 112000
　6月は176563 → ㋓

5を切り上げると，千の位の6はどうなるかな？

177000 − ㋔ = 65000（個）多いです。

答え およそ65000個多い

答え ㋐ 千　㋑ 130000　㋒ 180000　㋓ 177000　㋔ 112000

例題

ゆきえさんは，文ぼう具店にノートとボールペンを買いに行きました。ノートは1さつ140円，ボールペンは1本90円でした。これについて，次の問題に答えましょう。

> ノートとボールペンの金額の和だよ。

ノートを3さつ，ボールペンを3本買ったときの代金を求める式は，次のどれになりますか。あからえまでの中から1つ選び，その記号で答えましょう。

- あ　140×2 + 90×3
- い　140 + 90×3
- う　140×3 + 90
- え　(140 + 90)×3

> それぞれの式が表す意味を考えよう。

- あ　140×2 + 90×3 は，ノート2さつとボールペン3本の代金
- い　140 + 90×3 は，ノート1さつとボールペン3本の代金
- う　140×3 + 90 は，ノート3さつとボールペン1本の代金

を表しています。

え　(140 + 90)×3 の式を図に表してみると，

これは，ノート3さつとボールペン3本の代金を表しています。

> 140×3 + 90×3 と同じことを表しているよ。

よって，正しい式はえです。

答え　え

練習

さとるさんは 100 ページの本を読んでいます。1 日目は 27 ページ，2 日目は 5 ページ，3 日目は 18 ページ読みました。まだ読んでいないページ数を求める式は，次のどれになりますか。正しいものを全部選びましょう。

ⓐ　100 − 27 − 5 − 18
ⓘ　100 − 27 + 5 + 18
ⓤ　100 −（27 − 5 − 18）
ⓔ　100 −（27 + 5 + 18）

まだ読んでいないページ数の求め方はいくつかあるよ。いろんな方法を考えてみよう。（ ）の使い方に気をつけてね。

まだ読んでいないページ数は，本のページ数から読み終わったページ数を ［ ㋐ ］ 求めることができます。本のページ数から，毎日読んだページ数を順番にひいていくと，まだ読んでいないページ数を求める式は，

100 − 27 − 5 − 18

となります。

また，読み終わったページ数の合計は 27 +［ ㋑ ］+ 18（ページ）です。本のページ数から読み終わったページ数の合計をひくと，

100 −（27 + 5 + 18）

となります。

正しい式は，ⓐとⓔです。

ⓘは（ ）がぬけている。ⓤは（ ）の中の計算式がまちがっているよ。

答え　ⓐとⓔ

答え　㋐ ひいて　　㋑ 5

例題

900gのねん土を使って玉を作ります。1個作るのに，小さい玉はねん土を60g使い，大きい玉はねん土を80g使います。小さい玉を6個と大きい玉を5個作るとき，次の問題に答えましょう。

(1) 玉を作るのに全部で何gのねん土を使いますか。使うねん土の重さを求める式を，1つの式で表しましょう。

(2) 残りのねん土の重さは何gですか。

> もとのねん土と使ったねん土の重さの差を求めよう。

計算のきまり
・＋，－，×，÷とでは，×，÷を先に計算します。
・( )があるときは，( )の中を先に計算します。

(1) 小さい玉を6個と大きい玉を5個で11個の玉ができます。
これらの重さの和は，
60×6＋80×5で求められます。

> ＋と×だと×を先に計算するきまりだから( )はつけないよ。

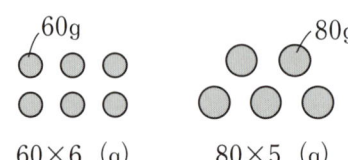

60gが6個だよ。　　80gが5個だよ。

答え 60×6＋80×5

(2) 11個の玉を作るのに使うねん土の重さは，
60×6＋80×5＝360＋400＝760 (g)

> かけ算を先に計算しよう。

残りのねん土の重さは，はじめにあった重さと使った重さの差だから，
900－760＝140 (g)

答え 140g

練習

1個60円のガムと1個30円のあめがあります。ガムとあめを1こずつふくろに入れて，8人の子どもに1ふくろずつ配ります。このとき，次の問題に答えましょう。

(1) 8人の子どもに配るのに必要なガムとあめを買うときの代金は，何円ですか。代金を求める式を，（ ）を使って1つの式で表しましょう。

(2) 8人の子どもに配るのに必要なガムとあめを買うときに1000円を出すと，おつりは何円ですか。

> 1000円から使ったお金をひいて求めよう。

(1) 1ふくろに入れるガムとあめの代金は，
60 ＋ ⬜(ア) （円）で求められます。
8人の子どもに1ふくろずつ配るには，⬜(イ) ふくろ必要だから，必要なガムとあめの代金は，
(60 ＋ 30) × 8 で求められます。

> 1ふくろの代金 × 8人分

> ×より＋の方を先に計算したいから（ ）をつけるのをわすれないでね。

60 ＋ 30 （円）

> 60円が1個と30円が1個だよ。

答え (60 ＋ 30) × 8

(2) 8人の子どもに配るのに必要なガムとあめの代金は，
(60 ＋ 30) × 8 ＝ ⬜(ウ) × 8 ＝ 720 (円) （ ）の中を先に計算しよう。
1000円を出すとおつりは，⬜(エ) ー ⬜(オ) ＝ 280 （円）

答え 280円

答え (ア) 30 (イ) 8 (ウ) 90 (エ) 1000 (オ) 720

例題

下の表は，150mL 入りのジュースの本数とジュース全体の量の関係をまとめたものです。これについて，次の問題に答えましょう。

ジュースの本数と全体の量

本　数　（本）	1	2	3	4	5
全体の量（mL）	150	300	ア	600	750

> 3本のときの全体の量だね。

(1) 表のアにあてはまる数を求めましょう。

(2) 150mL 入りのジュースの本数を○本，そのときの全体の量を□mL として，○と□の関係を式に表しましょう。

> ○と□を使った式をつくろう。

---

(1) アは，150mL 入りのジュース3本の全体の量です。
150 × 3 = 450（mL）
よって，アは 450 です。

> 150mL の3倍の量を求めよう。

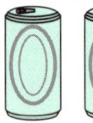
150mL　150mL　150mL

答え 450

(2) 150mL 入りのジュース1本の全体の量は，150 × 1 = 150（mL）
150mL 入りのジュース2本の全体の量は，150 × 2 = 300（mL）
150mL 入りのジュース3本の全体の量は，150 × 3 = 450（mL）
　　　　　　　⋮　　　　　　　　　　　⋮

150mL 入りのジュース○本の全体の量は，150 × ○ = □（mL）
○と□の関係は，150 × ○ = □ です。

> 全体の量は□だよ。

> ○や□も数と同じように式に表すことができるよ。

答え 150 × ○ = □ （□ ÷ ○ = 150，□ ÷ 150 = ○）

練習

右の図のように，直径を 1cm，2cm，3cm，…と，1cm ずつ大きくした円をかいていきます。

これについて，次の問題に答えましょう。ただし，円周率は 3.14 とします。

> 円周を求める式を使うよ。

(1) 5番めの円の円周の長さは何 cm ですか。

(2) ○番めの円の円周の長さを△ cm として，○と△の関係を式に表しましょう。

> ○と△を使った式をつくろう。

---

(1) 円周の長さ＝直径×円周率 です。

5番めの円の直径は，[(ア)] cm なので，

5番めの円の円周の長さは，[(イ)] × 3.14 ＝ 15.7（cm）

答え 15.7cm

(2) 1番めの円の円周の長さは，[(ウ)] × 3.14 ＝ [(エ)]（cm）

2番めの円の円周の長さは，[(オ)] × 3.14 ＝ [(カ)]（cm）

　　　　　　　　　　　　　　　⋮　　　　　　⋮

○番めの円の円周の長さは，　○ × 3.14 ＝ △（cm）

> これが△だね。

> 順番にかいていくと関係がみえてくるね。

○と△の関係は，○ × 3.14 ＝ △ です。

答え ○ × 3.14 ＝ △ （△ ÷ 3.14 ＝ ○，△ ÷ ○ ＝ 3.14）

答え (ア) 5　(イ) 5　(ウ) 1　(エ) 3.14　(オ) 2　(カ) 6.28

第1章 **確認テスト** 答え P98

1 たて6cm, 横8cmの長方形の紙を, 同じ向きにすきまなくしきつめて, 正方形をつくります。これについて, 次の問題に答えましょう。

(1) できるだけ小さい正方形をつくるとき, 正方形の1辺の長さは何cmになりますか。

(2) 同じようにしきつめて小さいものから順に正方形を作っていくとき, 3番めにできる正方形の1辺の長さは何cmですか。

2 男子56人, 女子42人をいくつかのグループに分けます。どのグループでも, 男子と女子をそれぞれ同じ人数ずつに分けて, あまりが出ないようにできるだけ多くのグループをつくります。これについて, 次の問題に答えましょう。

(1) いくつのグループをつくることができますか。

(2) 1つのグループの男子, 女子の人数はそれぞれ何人になりますか。

3 4.7Lの水が入ったバケツが23個あります。バケツの水は全部で何Lありますか。

4 家から公園までの道のりは 1.95km で，家から図書館までの道のりは 0.75km です。家から公園までの道のりは，家から図書館までの道のりの何倍ですか。

5 37m のリボンがあります。このリボンから 1.3m のリボンは何本とれて，何 m あまりますか。

6 牛にゅうが $1\frac{1}{4}$ L，コーヒーが $\frac{3}{10}$ L あります。これについて，次の問題に答えましょう。

(1) 牛にゅうを $\frac{3}{8}$ L，コーヒーを $\frac{1}{6}$ L 使ってコーヒー牛にゅうを作ります。できるコーヒー牛にゅうは何 L ですか。

(2) (1)のコーヒー牛にゅうを作った後，牛にゅうは何 L 残りますか。

7 1m の重さが $\frac{4}{9}$ kg のはり金があります。これについて，次の問題に答えましょう。

(1) このはり金 6m の重さは何 kg ですか。

(2) 1m のはり金を 8 等分すると，1 つ分の重さは何 kg になりますか。

8 右の表は，A市とB市の人口を表したものです。A市とB市の人口を合わせると，およそ何人ですか。百の位を四捨五入して，千の位までのがい数にして計算しましょう。

A市とB市の人口

A市	182729人
B市	216437人

9 1個180gのフランスパンと，1個40gのロールパンを，1個ずつふくろにつめて売るとき，次の問題に答えましょう。ただし，ふくろの重さは考えないものとします。

(1) パンの入ったふくろを3ふくろつくるとき，全部の重さを求める式を，( )を使って1つの式で表しましょう。

(2) 全部の重さが1.1kgのとき，フランスパンとロールパンは何個ずつありますか。

10 しずかさんは20個のおはじきを妹と2人で分けます。2人のおはじきの数を，下の表にまとめました。これについて，次の問題に答えましょう。

しずかさんのおはじき（個）	2	4	6	8	10
妹のおはじき（個）	18	16	14	ア	10

(1) 表のアにあてはまる数を求めましょう。

(2) しずかさんのおはじきを○個，妹のおはじきを□個として，○と□の関係を式に表しましょう。

2章 単位量あたりの大きさ

[実用数学技能検定 文章題練習帳] 7級

例題

下の表は，つばささんがソフトボール投げを4回行った記録をまとめたものです。これについて，次の問題に答えましょう。

ソフトボール投げの記録

	1回め	2回め	3回め	4回め
記録（m）	37	35	30	?

(1) 1回めから3回めまでのソフトボール投げの記録の平均は何mですか。

　　　　　　　記録の合計を求めよう。

(2) 4回めのソフトボール投げをした後，1回めから4回めまでの記録の平均が35mになりました。4回めの記録は何mですか。

　　　　　　　平均から合計を求めるには？

平均
- いくつかの数量を，等しい大きさになるようにならしたものを平均といいます。
- （平均）＝（合計）÷（個数），（合計）＝（平均）×（個数）で求められます。

---

(1) 1回めから3回めまでのソフトボール投げの記録の合計は，
　　37 ＋ 35 ＋ 30 ＝ 102 （m）です。
　　3回の記録の平均を求めるので，
　　102 ÷ 3 ＝ 34 （m）

（平均）＝（合計）÷（個数）を使うよ。

答え 34m

(2) 1回めから4回めまでの記録の合計は，35 × 4 ＝ 140 （m）です。
　　4回めの記録は4回めまでの記録の合計から3回めまでの記録の合計をひいて，
　　140 － 102 ＝ 38 （m）

（合計）＝（平均）×（個数）で求められるよ。

答え 38m

練習

下の表は，まさえさんのクラスで，ある週の月曜日から木曜日までに図書室の本を借りた人数をまとめたものです。これについて，次の問題に答えましょう。

図書室の本を借りた人数

曜　日	月	火	水	木
人　数（人）	7	3	4	6

(1) 月曜日から木曜日までに，図書室の本を借りた人数は1日平均何人ですか。

> 人数の合計を求めよう。

(2) この週の月曜日から金曜日までに，図書室の本を借りた人数は1日平均6人でした。金曜日に図書室の本を借りた人数は何人ですか。

> 毎日6人が本を借りたことと同じだね。

---

(1) 月曜日から木曜日までに図書室の本を借りた人数の合計は，

7 + 3 + 4 + 6 = 20（人）です。

図書室の本を借りた人の1日の平均の人数は，月曜日から木曜日までの ［ (ア) ］を月曜日から木曜日までの ［ (イ) ］でわればいいので，1日平均，

20 ÷ ［ (ウ) ］ = 5（人）です。

> 月曜日から木曜日までは何日あるかな？

答え 5人

(2) 月曜日から金曜日までに図書室の本を借りた人数の合計は，月曜日から金曜日までの ［ (エ) ］に月曜日から金曜日までの ［ (オ) ］をかければいいので，6 × 5 = 30（人）です。

月～金の人数　30人
月～木の人数　20人　金曜日の人数

金曜日に図書室の本を借りた人数は，

月曜日から金曜日までの ［ (ア) ］から，木曜日までの ［ (ア) ］をひいて，

30 − 20 = 10（人）

答え 10人

答え (ア) 人数の合計　(イ) 日数　(ウ) 4　(エ) 平均の人数　(オ) 日数

例題

A，B 2つのおもちゃ工場があります。Aの工場では，5分間で75個のおもちゃを作ります。Bの工場では，8分間で112個のおもちゃを作ります。これについて，次の問題に答えましょう。

(1) Aの工場では，1分間あたりに何個のおもちゃを作ることができますか。

(2) 1分間に作ることができるおもちゃの数をくらべると，Aの工場とBの工場のどちらが何個多いですか。

> 時間も個数もそろっていないよ。こういうときはどうやってくらべよう？

単位量あたりの大きさ

・上の問題の，1分間あたりにできるおもちゃの個数のことを単位量あたりの大きさといいます。

・2つ以上のものをくらべるとき，単位量あたりの大きさを使うことがあります。

(1) Aの工場で1分間あたりに作ることのできる個数は，
75 ÷ 5 = 15（個）

> ここの数だね。

答え 15個

(2) 5分と8分，75個と112個のように，時間や個数がそろっていないので，1分間に作る個数にそろえてくらべます。

Bの工場で1分間に作ることのできる個数は，
112 ÷ 8 = 14（個）

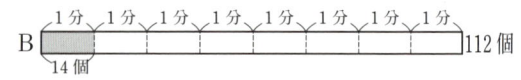

1分間あたりに作ることができるおもちゃの個数は，Aの工場では15個，Bの工場では14個だから，Aの工場が，15 − 14 = 1（個）多いです。

> 同じ時間で作れる個数でくらべよう。

答え Aの工場が1個多い

練習

> ガソリンの量 (L) と道のり (km), 2つのものの量がでてきたよ。

ある自動車は，9L のガソリンで 76.5km 走ります。これについて，次の問題に答えましょう。

> ガソリン 1L あたりに走る道のりを考えよう。

(1) この自動車は，1L のガソリンで何 km 走りますか。

(2) この自動車が 1 日に走った道のりを調べたところ，59.5km でした。使ったガソリンは何 L ですか。

> ガソリン 1L で走れるのは何 km ?

---

(1) この自動車は，9L のガソリンで ［ア］ km 走るから，

1L のガソリンで走る道のりは，

76.5 ÷ ［イ］

＝ 8.5 (km)

> ガソリン 1L あたりに走ることができる道のりだよ。

> この数を求めよう。

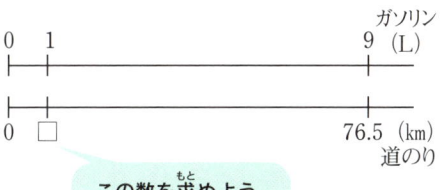

答え 8.5km

(2) (1)で計算した 1L あたりに走ることのできる道のりを使います。

この自動車は，1L のガソリンで ［ウ］ km 走ることができるから，59.5km を走るために必要なガソリンは，

［エ］ ÷ ［オ］ ＝ 7 (L)

> この数を求めよう。

> どちらでわるのかをまちがえないように！

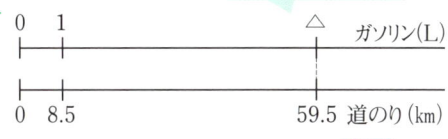

答え 7L

答え (ア) 76.5　(イ) 9　(ウ) 8.5　(エ) 59.5　(オ) 8.5

単位量あたりの大きさ　41

例題

校庭の南，東，西にそれぞれ花だんがあります。それぞれの花だんの面積と，植えてある花の本数を調べてまとめると，右の表のようになりました。これについて，次の問題に答えましょう。

花だんの面積と植えてある花の本数

場所	面積(m²)	本数(本)
南	60	498
東	56	504
西	64	544

> 面積と本数，2つのものの量を使って花だんの混み具合を調べるよ。

(1) 南の花だんには，1m² あたり何本の花が植えてありますか。

> 面積の単位量にそろえます。

(2) いちばん混んでいるのは，どこの花だんですか。

> 面積も本数もちがう3つの花だんをくらべるにはどうする？

---

(1) 1m² あたりに植えてある花の本数は，
498 ÷ 60 = 8.3（本）

> 小数になることもあるよ。

1 m² □本
60 m²
498 本
南の花だん

> この数を求めよう。

答え 8.3 本

(2) **面積と本数，それぞれの量がことなるものをくらべるときには一方の単位あたりの量にそろえてくらべます。**

東の花だんの 1m² あたりに植えてある花の本数は，
504 ÷ 56 = 9（本）

西の花だんの 1m² あたりに植えてある花の本数は，
544 ÷ 64 = 8.5（本）

いちばん混んでいるのは，東の花だんです。

> 単位量あたりの本数でくらべよう。

花だん 1m² あたりに植えてある花の本数

場所	本数(本)
南	8.3
東	9
西	8.5

> 本数が多い方が混んでいるよ。

答え 東の花だん

練習

Aの牧場では 30m² の土地で 12 頭の牛をかっています。Bの牧場では 46m² の土地で 23 頭の牛をかっています。Aの牧場とBの牧場の混み具合を調べるとき，次の問題に答えましょう。

	面積（m²）	牛の頭数（頭）
Aの牧場	30	12
Bの牧場	46	23

混み具合を比べる方法は2通りあるよ。

(1) 牛1頭あたりの面積でくらべたとき，どちらの牧場が混んでいますか。

(2) 1m² あたりの牛の頭数でくらべたとき，どちらの牧場が混んでいますか。

---

(1) 牛1頭あたりの面積でくらべるので，それぞれの ［(ア)］ を ［(イ)］ でわります。

　Aの牧場は，30 ÷ 12 = 2.5（m²）
　Bの牧場は，46 ÷ 23 = 2（m²）
　1頭あたりの土地の面積が ［(ウ)］ ほうが混んでいるので，Bの牧場のほうが混んでいます。

Aの牧場　　Bの牧場
2.5 m²　　　2 m²

答え Bの牧場

(2) 1m² あたりの牛の頭数でくらべるので，それぞれの ［(エ)］ を ［(オ)］ でわります。

　Aの牧場は，12 ÷ 30 = 0.4（頭）
　Bの牧場は，23 ÷ 46 = 0.5（頭）
　1m² あたりの牛の頭数が ［(カ)］ ほうが混んでいるので，Bの牧場のほうが混んでいます。

Aの牧場　　Bの牧場
0.4 頭　　　0.5 頭

答え Bの牧場

答え (ア) 面積　(イ) 牛の頭数　(ウ) 小さい（せまい）
(エ) 牛の頭数　(オ) 面積　(カ) 多い

単位量あたりの大きさ　43

第2章 確認テスト

答え P100

1 けんたさんの家でかっているニワトリは、1日1個のたまごを産みます。下の表は10月1日から4日までに産んだたまご1個の重さをまとめたものです。10月1日から4日までに産んだたまごの重さは、1個平均何gですか。

日	1日	2日	3日	4日
重さ（g）	64	67	66	65

2 しょうへいさんの学校で、ある週の月曜日から金曜日までに学校を休んだ人数は、1日平均3.4人でした。この週の月曜日から金曜日までに学校を休んだ人数は何人ですか。

3 ふゆこさんのクラスの人数は、男子20人と女子15人の35人です。右の表は、ふゆこさんのクラスの男子と女子の算数のテストの平均点を表したものです。ふゆこさんのクラスの算数のテストの平均点は何点ですか。

	人数（人）	テストの平均点（点）
男子	20	66.5
女子	15	70

4 A店では，えん筆10本を650円で売っています。B店では，えん筆12本を840円で売っています。これについて，次の問題に答えましょう。

(1) A店では，えん筆1本あたり何円で売っていますか。

(2) えん筆1本あたりのねだんをくらべると，A店とB店のどちらの店が何円高いですか。

5 あるコピー機は，4分間に140まい印刷できます。これについて，次の問題に答えましょう。

(1) このコピー機は，1分間に何まい印刷できますか。

(2) このコピー機で，945まい印刷しました。かかった時間は何分ですか。

❻ 右の表は，A市とB市の面積と人口を表したものです。A市とB市の人口密度は何人ですか。四捨五入して上から2けたのがい数で求めましょう。

A市とB市の人口

	面積（km²）	人口（人）
A市	620	603000
B市	487	286000

❼ AとB 2台のエレベーターがあります。Aのエレベーターは，ゆかの面積が5m²で16人乗っています。Bのエレベーターは，ゆかの面積が2.4m²で9人乗っています。このとき，次の問題に答えましょう。

(1) AのエレベーターとBのエレベーターはどちらが混んでいるといえますか。

(2) 最大800kgの重さまで乗せることができ，定員が11人のA，Bとは別のエレベーターがあります。このとき，エレベーターは1人あたり何kgとして定員を決めているといえますか。答えは，小数第1位を四捨五入して整数で答えましょう。

3章 割合と百分率

例題

りんご1個の重さは 280g，みかん1個の重さは 70g です。これについて，次の問題に答えましょう。

(1) みかん1個の重さは，りんご1個の重さの何倍ですか。

> もとにする量とくらべる量を見つけよう。

(2) いちご1個の重さはみかん1個の重さの 0.2 にあたります。いちご1個の重さは何 g ですか。

割合
- くらべる量がもとにする量のどれだけにあたるかを表した数を，割合といいます。
- （割合）＝（くらべる量）÷（もとにする量）で求めることができます。

---

(1) りんご1個の重さがもとにする量，みかん1個の重さがくらべる量になります。

よって，
$70 ÷ 280 = 0.25$（倍）

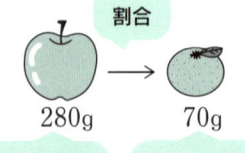

答え 0.25 倍

(2) みかん1個の重さを1とみたとき，いちご1個の重さは 0.2 です。

もとにする量は基準になる量のことです。

ここでは，みかん1個の重さがもとにする量，いちご1個の重さがくらべる量になります。

くらべる量＝もとにする量×割合で求められるので，

いちご1個の重さは，みかん1個の重さに割合をかけて，$70 × 0.2 = 14$（g）

いちご1個の重さは 14g です。

答え 14g

練習

兄の身長は 150cm，弟の身長は 120cm です。これについて，次の問題に答えましょう。

(1) 弟の身長は兄の身長の何倍ですか。
(2) 弟の身長は父の身長の 0.75 倍にあたります。父の身長は何 cm ですか。

もとにする量，くらべる量，割合を使ってさがそう。

もとにする量，くらべる量の求め方
・(もとにする量)＝(くらべる量)÷(割合) で求めることができます。
・(くらべる量)＝(もとにする量)×(割合) で求めることができます。

(1) ［(ア)］ の身長がもとにする量，
　　［(イ)］ の身長がくらべる量になります。
　　120÷［(ウ)］＝0.8（倍）

(割合)＝(くらべる量)÷(もとにする量) だよ。

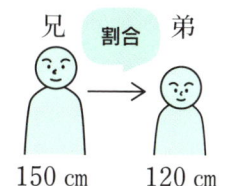

答え 0.8 倍

(2) 父の身長を 1 とみたとき，弟の身長は 0.75 です。
　　［(エ)］ の身長を基準にしているので，
　　［(オ)］ の身長がもとにする量，
　　［(カ)］ の身長がくらべる量になります。
　　父の身長は，
　　［(キ)］÷0.75＝160（cm）

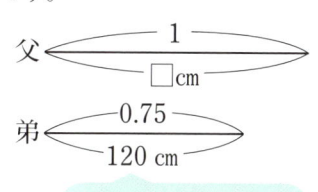

図の□の数を求めよう。

(もとにする量)＝(くらべる量)÷(割合) で求めることから考えよう。

答え 160cm

答え (ア) 兄　(イ) 弟　(ウ) 150　(エ) 父　(オ) 父　(カ) 弟　(キ) 120

割合と百分率　49

例題

600cmの長さのひもがあります。このひもを2つに切るとき，次の問題に答えましょう。

　　　　　　　　　　　　　もとにする量と割合は何かな？

(1) 短いほうのひもの長さが全体の長さの38％のとき，短いほうのひもの長さは何cmですか。

(2) 短いほうのひもの長さが150cmのとき，短いほうのひもの長さは全体の長さの何％ですか。

　　　　　　　　　　　　　もとにする量はどちらかな？

百分率
・割合を表すのに，百分率を使うことがあります。
・割合を表す0.01のことを1％（パーセント）といいます。
・割合の1を百分率で表すと100％になります。

(1) 100％が1なので，38％は0.38　　これが割合だね。

全体の長さをもとにしたときの短いほうのひもの長さが38％なので，もとにする量は全体の長さの600cm，割合は0.38

このとき，短いほうのひもの長さはくらべる量なので，
600×0.38＝228（cm）

図の□の数を求めよう。

（くらべる量）＝（もとにする量）×（割合）
で求めよう。

答え 228cm

(2) もとにする量は600cm，くらべる量は150cmだから，
150÷600＝0.25

（割合）＝（くらべる量）÷（もとにする量）
で求めよう。

図の△の数を求めよう。

0.25は百分率で表すと25％です。

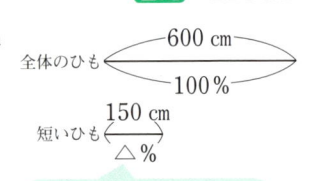

答え 25％

練習

じゅんさんの町の動物園の1日の入園者数は720人で，そのうち子どもが468人，おとなが252人でした。これについて，次の問題に答えましょう。

(1) この動物園の1日の入園者数について，子どもの人数は全体の何%ですか。

> くらべる量だね。

(2) この動物園の1日の子どもの入園者数のうち，75%が小学生でした。小学生の人数は何人ですか。

> 割合を小数で表そう。

---

(1) もとにする量は ［ (ア) ］人，
　　くらべる量は ［ (イ) ］人だから，
　　［ (イ) ］÷720＝［ (ウ) ］

> （割合）＝（くらべる量）÷（もとにする量）で求めよう。

> 全体 720 人
> 子ども 468 人
> □ %
> 100 %

> 図の□の数を求めよう。

0.65は65%だから，子どもの人数の割合は，65%です。

答え 65 %

(2) 100%が1なので，75%は ［ (エ) ］
　　もとにする量は1日の ［ (オ) ］の入園者数だから，
　　468×0.75＝351（人）

> 子ども 468 人
> 小学生 △ 人
> 75 %
> 100 %

> 図の△の数を求めよう。

> （くらべる量）＝（もとにする量）×（割合）で求めよう。

答え 351 人

答え (ア) 720　(イ) 468　(ウ) 0.65　(エ) 0.75　(オ) 子ども

第3章 確認テスト

答え P102

1 次の割合を小数で求めましょう。

(1) 85cm をもとにしたときの 62.9cm の割合。

(2) 20kg に対する 36kg の割合。

(3) 男女合わせた 145 人のうち女子 87 人の割合。

2 次の問題に答えましょう。

(1) 30kg は 40kg の何％ですか。

(2) 39dL は 13L の何％ですか。

(3) 96 円は 150 円の何割何分ですか。

3 A店とB店でくじびきができます。A店では40本のくじの中に10本のあたりくじが入っています。B店では35本のくじの中に7本のあたりくじが入っています。どちらの店のほうがあたりくじの割合が大きいですか。

4 キャベツ1個のねだんは250円です。トマト1個のねだんはキャベツ1個のねだんの0.64倍にあたります。トマト1個のねだんは何円ですか。

5 学校の図書館で今週本を借りた人は77人でした。これは先週本を借りた人の1.1倍にあたります。先週本を借りた人は何人でしたか。

6 80cmの赤いリボンと，60cmの黄色いリボンがあります。これについて，次の問題に答えましょう。

(1) 黄色いリボンの長さは，赤いリボンの長さの何倍ですか。小数で求めましょう。

(2) 黄色いリボンの長さは青いリボンの長さの1.25倍にあたります。青いリボンの長さは何cmですか。

7 800gのメロンがあります。このメロンを3つに切り分けると，いちばん大きなメロンの重さはメロン全体の重さの45％でした。これについて，次の問題に答えましょう。

(1) いちばん大きなメロンの重さは何gですか。

(2) いちばん小さなメロンの重さは208gです。いちばん小さなメロンの重さは，メロン全体の重さの何％ですか。

❽ あるスーパーで1パック200g入りのぶた肉を売っています。このスーパーでは、ぶた肉の量をふやした大きいパックを作ろうと考えています。これについて、次の問題に答えましょう。

(1) ぶた肉の量を35%ふやすと、大きいパックのぶた肉は何gになりますか。

(2) ぶた肉の量を35%ふやすときと、40%ふやすときとでは、ぶた肉の量のちがいは何gになりますか。

❾ よしえさんはかばんを買いにデパートに行きました。セールをしていたので、定価よりも安く買うことができました。このとき、次の問題に答えましょう。消費ぜいはねだんにふくまれているので、考える必要はありません。

(1) 定価が3600円のリュックサックを、25%引きで買いました。買ったねだんは、いくらですか。

(2) 定価が1800円のかばんAを15%引きで買うのと、定価が2000円のかばんBを20%引きで買うのとでは、どちらのかばんが何円安く買えますか。

4章 表とグラフに関する問題

例題

下の表は，やよいさんのクラスで，兄弟，姉妹がいるかどうかを調べて，その人数をまとめたものです。これについて，次の問題に答えましょう。

兄弟，姉妹調べ（人）

		姉 妹		合計
		いる	いない	
兄弟	いる	㋐		
	いない	3		19
合 計		12	23	

＊姉妹がいる人に注目しよう。

(1) 表の㋐にあてはまる数を求めましょう。
(2) 兄弟，姉妹がどちらもいない人は何人ですか。

＊表のどこを見ればいいかな。

(1) 下の表は，姉妹がいる人の部分を取り出したものです。

		姉妹
		いる
兄弟	いる	㋐
	いない	3
合 計		12

・姉妹がいて，兄弟もいる人。
・姉妹がいて，兄弟はいない人。
・姉妹がいる人。

㋐にあてはまる数は，姉妹がいる人の数から，姉妹がいて兄弟はいない人の数をひいて 12－3＝9

答え 9

(2) 兄弟も姉妹もいない人の人数が入るのは右の表の㋑です。兄弟がいないのは19人で，そのうち3人は姉妹がいるので，兄弟，姉妹がどちらもいない人は，
19－3＝16（人）

兄弟，姉妹調べ（人）

		姉 妹		合計
		いる	いない	
兄弟	いる	9		
	いない	3	㋑	19
合 計		12	23	

答え 16人

＊兄弟がいない人の部分と姉妹がいない人の部分の重なったところに，兄弟も姉妹もいない人の人数が入るね。

56

練習

下の表は，おさむさんのクラス全員に，サッカーと野球が好きかどうかを質問して，その結果をまとめたものです。これについて，次の問題に答えましょう。

サッカーと野球の好ききらい調べ（人）

		サッカー		合計
		好き	きらい	
野球	好き			18
	きらい		6	
合　計		27	11	

(1) おさむさんのクラスの人数は何人ですか。

> 表のどこが表しているかな。

(2) サッカーと野球のどちらも好きな人は何人ですか。

> 表のどの部分の数になるかな。

(1) 表のいちばん下の合計を見ます。

サッカーが好きな人は ［(ア)］ 人，
サッカーがきらいな人は ［(イ)］ 人なので，
おさむさんのクラスの人数は，27＋11＝38（人）です。

> サッカーが好きな人ときらいな人の人数の和だね。

答え 38人

(2) サッカーと野球のどちらも好きな人は右の表の①です。

サッカーがきらいな人は，
［(イ)］ 人で，そのうち ［(ウ)］ 人は野球もきらいだから，サッカーがきらいで野球が好きな人の数は，
右の表の②で，11－6＝5（人）

サッカーと野球の好ききらい調べ（人）

		サッカー		合計
		好き	きらい	
野球	好き	①	②	18
	きらい		6	
合　計		27	11	

①の数は，［(エ)］－5＝13（人）より，
サッカーと野球のどちらも好きな人は13人です。

答え 13人

答え (ア) 27　(イ) 11　(ウ) 6　(エ) 18

例題

右の折れ線グラフは，ある日の地面の温度の変わり方を表したものです。これについて，次の問題に答えましょう。

たてのじくの1めもりは何度かな？

(1) 午前10時の地面の温度は何度ですか。

グラフのかたむきに注目しよう。

(2) 地面の温度の下がり方がいちばん大きいのは，何時から何時の間ですか。⑦から㋑までの中から1つ選び，その記号で答えましょう。

⑦ 午前10時から午前12時の間　　㋑ 午前12時から午後2時の間
㋒ 午後2時から午後4時の間　　　㋓ 午後4時から午後6時の間

---

(1) グラフのたてのじくの1めもりは，1度です。
午前10時の地面の温度は，20度より1めもり下にあるから，19度です。

5度の間が5等分されているよ。

答え 19度

(2) 右の図のように，折れ線グラフの線のかたむきが右下がりのときに温度が下がっています。

右上がりの直線だね。　　右下がりの直線だね。

上がっている　　下がっている

右下がりの直線でかたむきがいちばん大きいのは，㋓の午後4時から午後6時の間です。

グラフのかたむきを見よう。

答え ㋓

練習

右の折れ線グラフは，まもるさんのお兄さんのたん生日に身長を測り，その結果を表したものです。これについて，次の問題に答えましょう。

まもるさんのお兄さんの身長

(1) 10さいのときの身長は何cmですか。

たてのじくの1めもりは何cmかな？

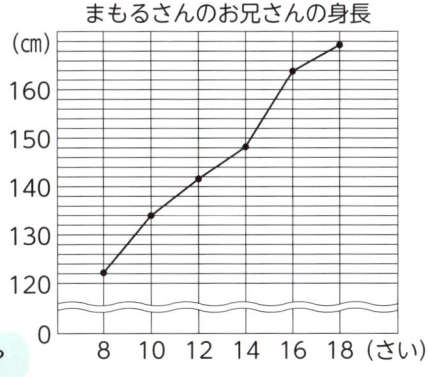

(2) 身長ののび方がいちばん大きいのは，何さいから何さいの間ですか。⑦から㋑までの中から1つ選び，その記号で答えましょう。

⑦ 10さいから12さいの間　㋑ 12さいから14さいの間
㋒ 14さいから16さいの間　㋓ 16さいから18さいの間

---

(1) グラフのたての1めもりは， ⑦ cmです。10さいのときの身長は，130cmより ㋑ めもり上にあるから，134cmです。

130cmから140cmの間に5めもりあるね。

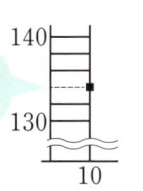

答え 134cm

(2) 右の図のように，折れ線グラフの線のかたむきで，変わり方がわかります。

㋒の14さいから16さいの間が，かたむきがいちばん ㋒ です。

折れ線グラフはふえたりへったりするようすがわかりやすいね。

かたむきが大きいよ。
かたむきが小さいよ。

変わり方が大きい　変わり方が小さい

答え ㋒

答え ⑦ 2　㋑ 2　㋒ 大きい

表と折れ線グラフ 59

例題

下のグラフは，ちはるさんの小学校で，5年生全員のいちばん好きなくだものについて調べ，その結果をまとめたものです。これについて，次の問題に答えましょう。

いちばん好きなくだもの調べ

| りんご | みかん | バナナ | ぶどう | その他 |

0　10　20　30　40　50　60　70　80　90　100（%）

(1) りんごがいちばん好きな人の割合は全体の何％ですか。

> グラフを読みとろう。

(2) りんごがいちばん好きな人はぶどうがいちばん好きな人の何倍ですか。

> りんご，ぶどうが好きな人の割合は何％かな？

(1)

| りんご | みかん | バナナ | ぶどう | その他 |

0　10　20　30 ↑40　50 ↑60　70 ↑80 ↑90　100（%）
　　　　　　35　　　58　　　75　　89

> 帯グラフの1めもりは1％だね。

グラフより，りんごが好きな人の割合は，35％です。

答え 35％

(2) グラフより，ぶどうが好きな人の割合は，グラフの75％から89％までで表されているから，89 − 75 = 14（％）です。

> 区切りの線のめもりを読んで計算しよう。

だから，りんごがいちばん好きと答えた人はぶどうがいちばん好きと答えた人の 35 ÷ 14 = 2.5（倍）です。

答え 2.5倍

> 帯グラフや円グラフを使うと「全体に対してしめる割合」がわかりやすくなるよ。

練習

下のグラフは，たかしさんが家の前を通った乗り物の種類について調べ，その結果をまとめたものです。これについて，次の問題に答えましょう。

家の前を通った乗り物調べ

| 乗用車 | トラック | バス | オートバイ | その他 |

0　10　20　30　40　50　60　70　80　90　100（％）

(1) 乗用車の台数の割合は全体の何％ですか。

(2) オートバイの台数はバスの台数の何倍ですか。

　　オートバイとバスの割合はそれぞれ何％かな？

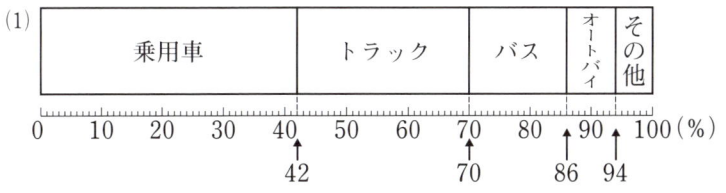

(1)

| 乗用車 | トラック | バス | オートバイ | その他 |

0　10　20　30　40↑50　60　70↑80　↑90↑100（％）
　　　　　　　　42　　　　　　70　　86　94

グラフより，乗用車が通った台数の割合は 42 ％です。

答え 42 ％

(2) オートバイが通った台数の割合は，94 － ［(ア)］ ＝ 8（％）です。

バスが通った台数の割合は，86 － ［(イ)］ ＝ 16（％）です。

オートバイが通った台数はバスが通った台数の ［(ウ)］ ÷ 16 ＝ 0.5（倍）です。

　　帯グラフの長さが読み取りづらい場合は計算で求めよう。

答え 0.5 倍

答え (ア) 86　(イ) 70　(ウ) 8

帯グラフと円グラフ　61

例題

右のグラフは、じゅんさんの小学校の児童 400 人の行きたい場所について調べ、その結果をまとめたものです。これについて、次の問題に答えましょう。

行きたい場所調べ

(1) 公園と答えた人の割合は、全体の何％ですか。 円グラフのめもりを読み取ろう。

(2) 動物園と答えた人は何人ですか。

(3) サッカー場と答えた人は映画館と答えた人より何人多いですか。

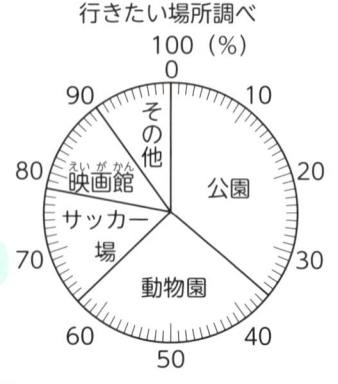

サッカー場、映画館の割合はそれぞれ何％かな？

---

(1) 公園と答えた人の割合は、36％です。

円グラフの 1 めもりは 1 ％だね。

答え 36 ％

(2) 動物園と答えた人の割合は、円グラフのめもりの 36 ％から 63 ％までで表されているので、63 － 36 ＝ 27（％）です。
400 × 0.27 ＝ 108（人）です。

27％は0.27

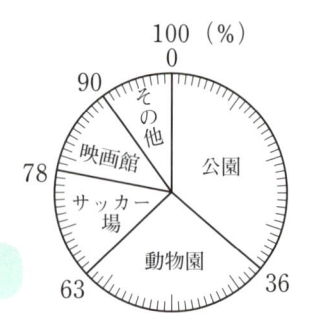

くらべる量＝もとにする量×割合
で求めよう。

答え 108 人

(3) サッカー場と答えた人は、78 － 63 ＝ 15（％）です。
映画館と答えた人は、90 － 78 ＝ 12（％）です。

区切りの線のめもりを読んで計算するよ。

サッカー場と答えた人は、映画館と答えた人より 3 ％多く、その人数は、400 × 0.03 ＝ 12（人）です。

それぞれの人数を求めてからひき算してもいいよ

答え 12 人

練習

右のグラフは、さやかさんの小学校の児童 350 人の好きな本について調べ、その結果をまとめたものです。これについて、次の問題に答えましょう。

(1) 物語と答えた人の割合は、全体の何%ですか。

　　　　円グラフのめもりを読み取ろう。

(2) 科学と答えた人は何人ですか。

(3) 伝記と答えた人は料理と答えた人より何人多いですか。

　　伝記、料理と答えた人は何%いるかな？

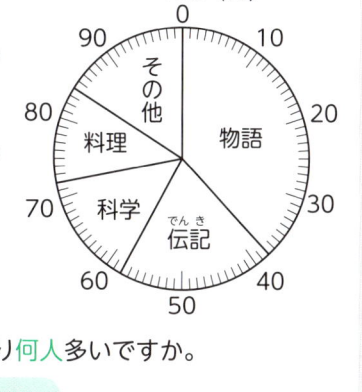

---

(1) 物語と答えた人の割合は、38 % です。

　円グラフの1めもりは1%だね。

　答え 38 %

(2) 科学と答えた人の割合は、グラフのめもりの ㋐ %から72 %までで表されているので、

　72 − ㋑ = 14（%）

　14 %を小数になおすと？

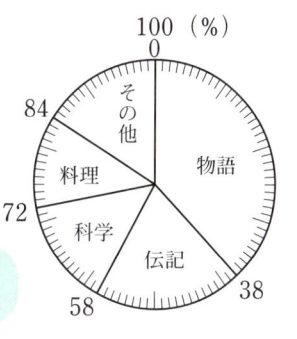

　350 × ㋒ = 49（人）です。

　答え 49 人

(3) 伝記と答えた人の割合は、58 − ㋓ = 20（%）です。

　料理と答えた人の割合は、㋔ − 72 = 12（%）です。

　伝記と答えた人は、料理と答えた人より 8 % 多いので、その人数は、

　㋕ × 0.08 = 28（人）

　答え 28 人

答え ㋐ 58　㋑ 58　㋒ 0.14　㋓ 38　㋔ 84　㋕ 350

例題

右の折れ線グラフは，しげるさんの町の1年間の平均気温の変わり方を表したものです。このグラフから読み取れることで**まちがっているもの**はどれですか。⑦から㋐までの中からすべて選び，その記号で答えましょう。

平均気温の変わり方

⑦　気温がいちばん高いのは8月です。
④　気温の変わり方がいちばん大きいのは3月から4月の間です。
⑨　3月より12月のほうが気温が低い。
㋐　2月から3月の間は4月から5月の間より気温の上がり方が小さい。

⑦　気温がいちばん高いのは8月です。→ ○
④　上がり方がいちばん大きいのは3月から4月の間で，6度です。
　　下がり方がいちばん大きいのは9月から10月の間で，8度です。→ ×
⑨　3月と12月の気温は同じです。→ ×
㋐　4月から5月の間より，2月から3月の間の方がグラフのかたむきが小さいので，気温の上がり方は小さいです。→ ○

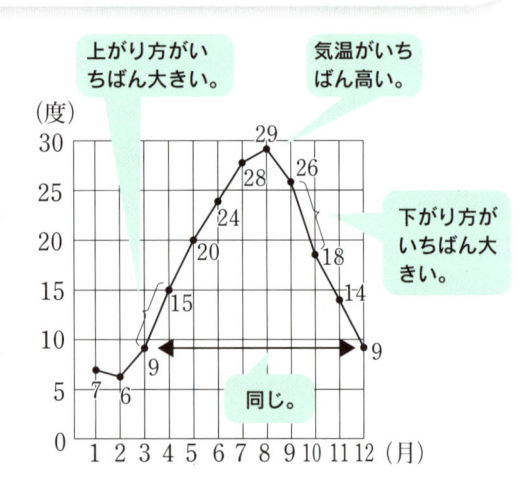

上がり方がいちばん大きい。
気温がいちばん高い。
下がり方がいちばん大きい。
同じ。

答え ④，⑨

練習

右の折れ線グラフは、まさえさんがかぜをひいた日の体温の変わり方を表したものです。このグラフから読み取れることで**まちがっているもの**はどれですか。⑦から㋑までの中からすべて選び、その記号で答えましょう。

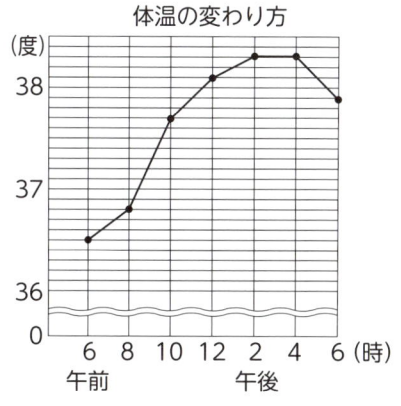

体温の変わり方

⑦ 体温が下がったのは、午後2時から午後4時の間です。

㋑ 体温の変わり方がいちばん大きいのは午前6時から午前8時の間です。

㋒ 体温がいちばん低かったのは午前6時です。

㋓ 午前12時より午後6時の方が体温が低い。

---

⑦ 午後2時と午後4時の間の体温は [(ア)] です。体温が下がったのは、午後 [(イ)] 時から午後6時の間です。→ ×

㋑ グラフの [(ウ)] がいちばん大きいのは午前8時から午前 [(エ)] 時の間です。→ ×

㋒ 体温がいちばん低いのは午前 [(オ)] 時です。→ ○

㋓ 午前12時より午後6時の方が体温が低いです。→ ○

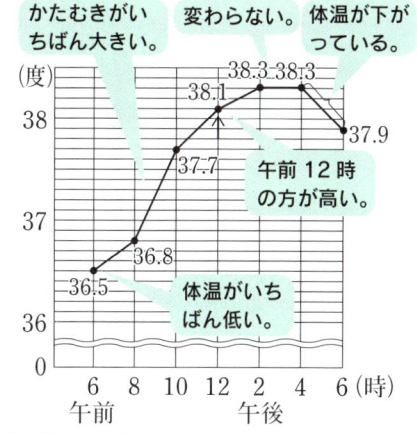

かたむきがいちばん大きい。　変わらない。　体温が下がっている。

38.3　38.3
38.1
37.7　　　午前12時の方が高い。
36.8
36.5　　体温がいちばん低い。
　　　　　　　　　　37.9

答え ⑦, ㋑

答え (ア) 同じ(38.3度)　(イ) 4　(ウ) かたむき　(エ) 10　(オ) 6

まちがいをさがそう　65

例題

右の表は，ようこさんのクラスで，鉄ぼうの前まわりとさかあがりができるかどうかを調べて，その結果をまとめたものです。この表から読み取れることでまちがっているものはどれですか。㋐から㋓までの中からすべて選び，その記号で答えましょう。

前まわりとさかあがり調べ（人）

		さかあがり		合計
		できる	できない	
前まわり	できる		12	
	できない	①		20
合計		②	23	37

1つだけとは限らないよ。

㋐ ①は，前まわりができて，さかあがりができない人です。

㋑ ②は，さかあがりができる人です。

㋒ 前まわりができる人は17人です。

㋓ 前まわりもさかあがりもできない人は12人です。

表のそれぞれのらんが何を表すのかを考えよう。

前まわりもさかあがりもできる。

		さかあがり		合計
		できる	できない	
前まわり	できる	5	12	17
	できない	①9	11	20
合計		②14	23	37

前まわりができる。

前まわりもさかあがりもできない。

さかあがりができて，前まわりができない。

さかあがりができる。

㋐ ①は，さかあがりができて，前まわりができない人です。→ ×

㋑ ②は，さかあがりができる人です。→ ○

㋒ 前まわりができる人は，37－20＝17（人）です。→ ○

㋓ 前まわりもさかあがりもできない人は，23－12＝11（人）です。→ ×

答え ㋐，㋓

練習

右の表は、さとしさんのクラス全員に、犬とねこが好きかどうかを調べて、その結果をまとめたものです。この表から読み取れることで**まちがっているもの**はどれですか。⑦から㋓までの中からすべて選び、その記号で答えましょう。

犬とねこの好ききらい調べ（人）

		犬		合計
		好き	きらい	
ねこ	好き		5	24
	きらい	6	10	
合　計				

⑦　ねこがきらいと答えた人は 24 人です。
㋑　犬がきらいと答えた人は 15 人です。
㋒　犬もねこも好きと答えた人は 29 人です。
㋓　さとしさんのクラスの人数は 40 人です。

表の空らんをうめると下のようになります。

わかっている数から表の空らんをうめていこう。

犬とねこの好ききらい調べ（人）

		犬		合計
		好き	きらい	
ねこ	好き	19	5	24
	きらい	6	10	16
合　計		25	15	40

犬もねこも好き。　　　㋐ がきらい。　　ねこが好き。　　ねこがきらい。　　クラスの人数

⑦　ねこがきらいと答えた人は、 ㋑ ＋ 10 ＝ 16（人）です。→　×
㋑　犬がきらいと答えた人は、 5 ＋ ㋒ ＝ 15（人）です。→　○
㋒　犬もねこも好きと答えた人は、 24 － ㋓ ＝ 19（人）です。→　×
㋓　さとしさんのクラスの人数は、 24 ＋ 16 ＝ ㋔ （人）です。→　○

答え　⑦, ㋒

答え　㋐ 犬　㋑ 6　㋒ 10　㋓ 5　㋔ 40

第4章 確認テスト　　答え P105

① 下の表は，りょうたさんのクラスで，竹馬と一輪車ができるかできないかを調べて，その結果をまとめたものです。これについて，次の問題に答えましょう。

竹馬と一輪車ができるか調べ（人）

		一輪車		合計
		できる	できない	
竹馬	できる			
	できない	5	16	
合　計		12		35

(1) 竹馬，一輪車のどちらもできない人は何人ですか。

(2) 竹馬ができて，一輪車ができない人は何人ですか。

② 右の折れ線グラフは，6月のある日のA町とB町の気温の変わり方を表したものです。これについて，次の問題に答えましょう。

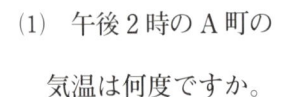

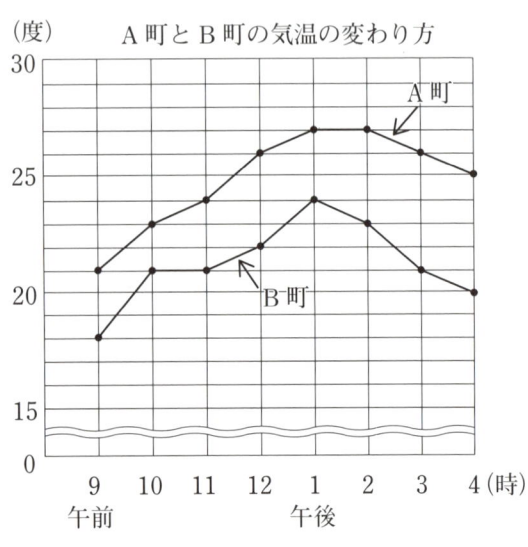

(1) 午後2時のA町の気温は何度ですか。

(2) A町とB町の気温の差がいちばん小さかったのは，何時ですか。

❸ あかねさんの小学校で，児童200人にアンケートを取り，全員が好きな教科を1教科ずつ答えました。右の表は，その結果をまとめたものです。これについて，次の問題に答えましょう。

好きな教科調べ

好きな教科	割合（％）
体育	33
国語	24
図画工作	16
算数	13
音楽	9
その他	5
合計	100

(1) 体育と答えた人は何人ですか。

(2) 国語と答えた人の割合は，図画工作と答えた人の割合の何倍ですか。

❹ みなみさんの学校の児童300人に，いちばん好きな色についてのアンケートを取りました。右の円グラフは，その人数の割合を表したものです。これについて，次の問題に答えましょう。

(1) 赤と答えた人の割合は全体の何％ですか。

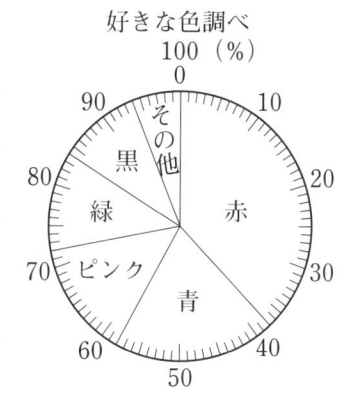

(2) ピンクと答えた人数は黒と答えた人数の何倍ですか。

(3) 緑と答えた人は何人ですか。

❺ 下のグラフは、あずきと大豆にふくまれている成分の割合を表したものです。このグラフから読み取れることでまちがっているものはどれですか。㋐から㋓までの中からすべて選び、その記号で答えましょう。

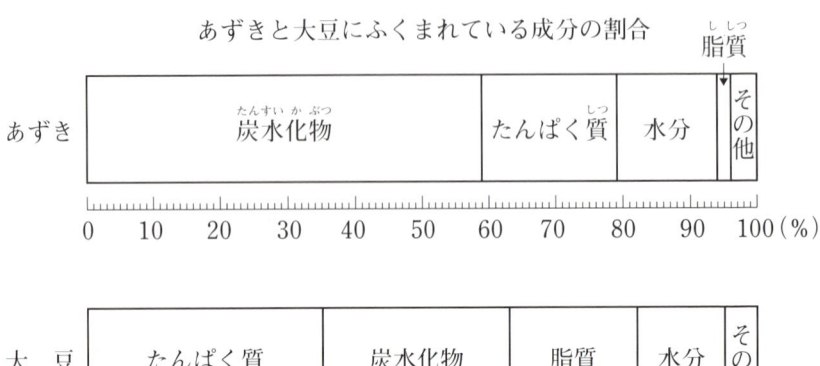

あずきと大豆にふくまれている成分の割合

あずき：炭水化物／たんぱく質／水分／脂質／その他

大豆：たんぱく質／炭水化物／脂質／水分／その他

（日本食品標準成分表2010による）

㋐ あずきにふくまれている成分でいちばん割合が多いのはたんぱく質です。

㋑ 大豆にふくまれている炭水化物の割合は、脂質の割合より多い。

㋒ あずきにふくまれている炭水化物の割合は、28％です。

㋓ 水分の割合は、大豆よりあずきの方が多い。

チャレンジ！長文問題

実用数学技能検定
文章題練習帳 7級

長文問題①

　めぐみさんとまことさんは近所のお店にみかんを買いに行きます。近所にはA店とB店があり、どちらの店で買うかを2人で話しています。

めぐみさん「このA店では、みかん1個30円で売っているわね。」
まことさん「ふくろにまとめて入って売っているみかんもあるね。」
めぐみさん「本当だ。」
まことさん「7個入りで200円で売っているから、1個ずつばらで買うよりお得だね。」
めぐみさん「じゃあ、次にB店にも行ってみようよ。」
まことさん「わかった。行ってみよう。」
めぐみさん「B店も、A店と同じ1個30円で売っているわ。」
まことさん「見て。みかんを50個以上買うと合計の代金から3％引きになるって書いてあるよ。」
めぐみさん「いったいどちらの店で買ったら安く買えるのかしら。」
まことさん「買う数によって、ちがってくるんじゃないかな。」
めぐみさん「そうだね。」

A店　　B店

　この2人の会話について、次の問題に答えましょう。ただし、消費ぜいは考えないものとします。

(1) A店でみかんを30個買うとき、いちばん安くなる代金を求める式をかきましょう。
　　　　　　　ふくろ入りで買えばお得だね。

(2) みかんを50個買うとき、A店とB店の1個あたりのみかんのねだんはそれぞれ何円ですか。ただし、A店で買うときはいちばん安くなる代金で考えます。
　　　　　　　まず、みかん50個の代金を求めてみよう。

(1) まず，7個入りのふくろがいくつ買えるかを考えます。

$30 \div 7 =$ □(ア) あまり □(イ) なので，

> 安く買いたいからなるべく多くのふくろを買おう。

7個入りのふくろを4つと，ばらで2個買えばいちばん安く買えます。代金を求める式は，$200 \times 4 + 30 \times 2$ です。

答え $200 \times 4 + 30 \times 2$

(2) A店で50個のみかんをいちばん安く買えるのは，

$50 \div$ □(ウ) $= 7$ あまり □(エ) より，7個入りのふくろを7つとばらで1個買うときです。このときの代金は，

$200 \times 7 +$ □(オ) $= 1430$（円）だから，1個あたりのねだんは，

$1430 \div$ □(カ) $= 28.6$（円）です。

B店では，50個以上買うと3％引きになるから，

$30 \times 50 = 1500$（円），3％は0.03なので，代金は，

$1500 \times ($ □(キ) $- 0.03) = 1455$（円）です。

1個あたりのねだんは，$1455 \div$ □(ク) $= 29.1$（円）です。

> 答えが小数になる場合もあるよ。

答え A店…28.6円，B店…29.1円

答え (ア) 4　(イ) 2　(ウ) 7　(エ) 1　(オ) 30×1（30）
　　　(カ) 50　(キ) 1　(ク) 50

長文問題②

みおさんは町のジュース工場を見学しました。工場で聞いた話やもらった資料をもとにして、次のようにまとめました。

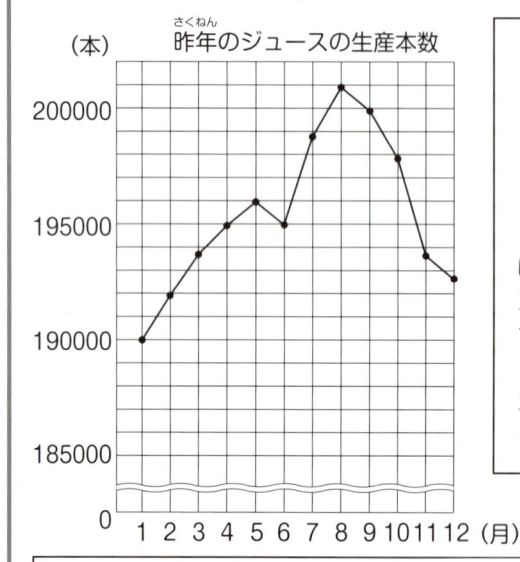

昨年のジュースの生産本数（グラフ：縦軸 本数、横軸 1〜12月）

昨年のジュースの生産本数調べ

この工場では1日に10時間ジュースを作るそうです。

工場で作られるジュースは、気温などに関連して毎月の生産本数が変わるそうです。左のグラフは昨年1年間に作られたジュースの生産本数を月ごとに表したものです。

ジュース工場の電気代調べ

この工場では電気代を節約するために、工場の屋根に太陽光発電パネルを取り付けて、太陽光で発電した電気を使ったところ、昨年1年間の電気代がおととしの電気代より10％節約できたそうです。

これについて、次の問題に答えましょう。

(1) 昨年1年間でいちばん多くジュースが作られたのは何月でしたか。

　　折れ線グラフのどこを見ればいいのかな？

(2) 昨年の5月は工場で20日間ジュースが作られました。この月にジュースを作っていた時間をもとにしたときに1分間に作られたジュースの本数は平均何本でしたか。小数点以下を四捨五入して、整数で答えましょう。

(3) この工場のおととしの1年間の電気代は 2882350 円だったそうです。昨年1年間に節約できた電気代は何円でしたか。上から3つめの位を四捨五入して，上から2けたのがい数で答えましょう。

> 上から3つめの位の数字に注目しよう。

(1) いちばん多くジュースが生産された月は，折れ線グラフのいちばん ［　(ア)　］点だから，8月です。

> この点をまっすぐ下におろしたところにある数を読みます。

答え 8月

(2) 折れ線グラフから5月に生産されたジュースの本数を読み取ります。グラフのたての1めもりは［　(イ)　］本だから，5月のジュースの本数は 196000 本だとわかります。

> 5月は何日間ジュースを作ったかな？

1日に生産された本数は，196000 ÷ ［　(ウ)　］ = 9800（本）です。

［　(エ)　］に生産された本数は，9800 ÷ 10 = 980（本）です。

> 1日に何時間ジュースを作るのかな？

1分間に生産された本数は，980 ÷ 60 = 16.3…なので，16本です。

> 1時間は60分です。

> 四捨五入する数字が4以下は切り捨て，5以上は切り上げるよ。

答え 16本

(3) おととしの1年間の電気代は 2882350 円だから，昨年1年間に節約できた電気代はその 10 %です。10 %は小数で表すと ［　(オ)　］より，2882350 × ［　(オ)　］ = 288235（円）なので，およそ 290000 円です。

> （もとにする量）×（割合）=（くらべる量）で求めよう。

答え およそ 290000 円

答え (ア) 高い　(イ) 1000　(ウ) 20　(エ) 1時間　(オ) 0.1

長文問題③

> ひろとさんとお兄さんは次のようなルールを決めて，9月の1か月の間，なわとびを練習することにしました。
>
> 9月は何日ある？
>
> ルール1：1日に3回練習をします。
> ルール2：ひろとさんは日にちが3でわり切れる日に，お兄さんは日にちが4でわり切れる日に練習をします。
>
> このとき，次の問題に答えましょう。
>
> (1) ひろとさんとお兄さんが同じ日に練習をした日はある数の倍数になっています。どんな数ですか。
>
> (2) 1か月で，ひろとさんは合計4710回，お兄さんは合計3864回なわとびをとびました。ひろとさんとお兄さんが1回の練習でとんだ回数はそれぞれ平均何回ですか。
>
> 1か月に何日なわとびを練習したかな？

(1) ひろとさんとお兄さんが同じ日に練習するのは，3と4の　(ア)　の12日ごとです。同じ日に練習する日は12の倍数になっています。

答え 12

(2) 1か月で，ひろとさんが練習した回数は，
$30 \div \boxed{(イ)} = 10$，$3 \times 10 = 30$（回），

9月は30日まであるよ。

お兄さんは，$30 \div \boxed{(ウ)} = 7$ あまり 2，$3 \times 7 = 21$（回）です。

1回の練習でなわとびをとんだ回数の平均は，ひろとさんは $4710 \div 30 = 157$（回），お兄さんは，$3864 \div 21 = 184$（回）です。

ルール1を見落とさないでね。

答え ひろとさん…157回，お兄さん…184回

答え (ア) 最小公倍数　(イ) 3　(ウ) 4

76

付録 図形に関する問題

[実用数学技能検定 文章題練習帳] 7級

例題

下の図1，図2のように，1組の三角定規を組み合わせます。これについて，次の問題に答えましょう。

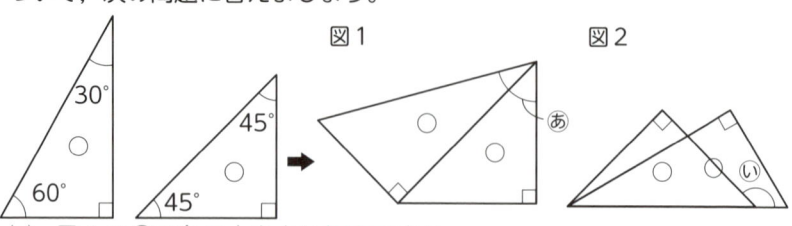

図1　図2

(1) 図1のあの角の大きさは何度ですか。

> 2つの角を合わせた大きさだね。

(2) 図2のいの角の大きさは何度ですか。

> 直線の部分の角の大きさは何度かな。

---

(1) 三角定規の角の大きさは右の図のようになるから，あの角の大きさは，

$30° + 45° = 75°$ です。

> 三角定規の角の大きさは全部おぼえておこう。

答え 75°

> あの角は，30°と45°を合わせた大きさだね。

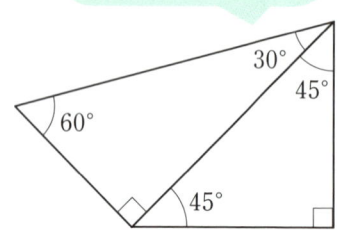

(2) 直線の部分の角の大きさは，180°です。
いの角の大きさは，$180° - 45° = 135°$ です。

> 直線の部分の角の180°を利用しているね。

> いの角は，180°から45°をひいた大きさだね。

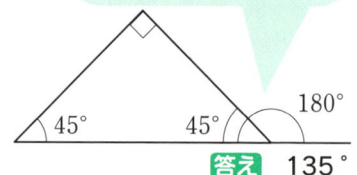

答え 135°

練習

右の図の平行四辺形アイウエを見て、次の問題に答えましょう。

(1) あの角の大きさは何度ですか。

　四角形の4つの角の大きさの和は何度かな？

(2) いの角の大きさは何度ですか。

　ウの角と同じ大きさの角はどこかな？

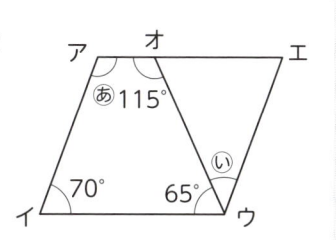

---

(1) 四角形の4つの角の大きさの和は、 □(ア)□ °です。

　四角形は2つの三角形にわけられるね。

右の図の四角形アイウオで、

あ＋70°＋□(イ)□°＋115°＝360°

あの角の大きさは、あ＝□(ウ)□°－(70°＋65°＋115°)

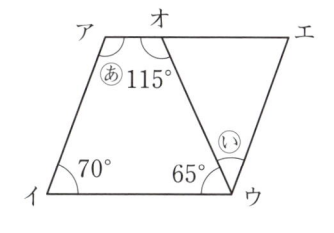

　　　　　　　　　　＝110°

四角形の4つの角の大きさの和は三角形の3つの角の大きさの和の2つ分だね。

答え 110°

(2) 平行四辺形の向かい合う角の大きさは等しいから、

ウの角の大きさは、□(エ)□°

あと同じになるね。

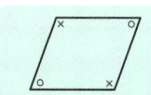

いの角の大きさは、

い＝110°－□(オ)□°

　＝45°

同じ印の角の大きさは等しいよ。

平行四辺形の向かい合う角の大きさは等しいことを使おう。

答え 45°

答え (ア) 360　(イ) 65　(ウ) 360　(エ) 110　(オ) 65

図形の角　79

例題

下の図形の面積はそれぞれ何 cm² ですか。図形の角は全部直角です。

(1) 9 cm、15 cm

長方形の面積の公式は？

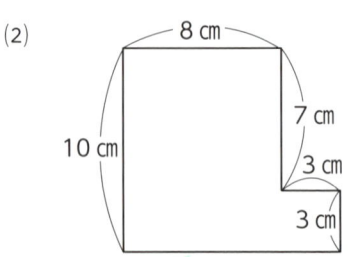

(2) 8 cm、10 cm、7 cm、3 cm、3 cm

どこかに直線をひいて2つの四角形にできないかな？

長方形と正方形の面積の求め方
・（長方形の面積）＝（たて）×（横）　・（正方形の面積）＝（1辺）×（1辺）

(1) 長方形の面積は，たて×横で求めることができるから，

$15 \times 9 = 135$ （cm²）　15cm　9cm

答え 135cm²

(2) 右の図のように，直線をひくと，2つの四角形に分けることができます。

長方形の面積は，
$10 \times 8 = 80$ （cm²）

正方形の面積は，
$3 \times 3 = 9$ （cm²）

この図形の面積は，$80 + 9 = 89$ （cm²）

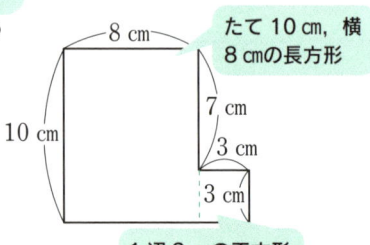

たて10cm, 横8cmの長方形

1辺3cmの正方形

答え 89cm²

（別の考え方）

右の図のように考えて求めることもできます。

長方形や正方形を利用して面積を求めるよ。

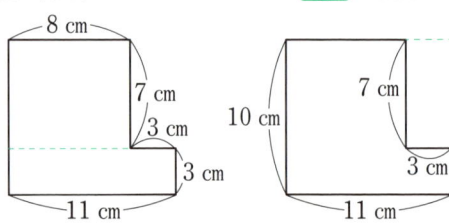

練習

下の図形の色をぬった部分の面積は，それぞれ何 cm² ですか。

(1)

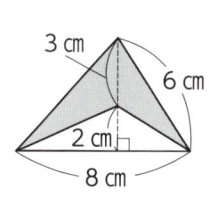

(2) 四角形 ABCD は平行四辺形

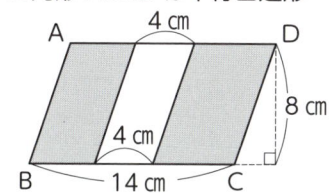

くふうして求めることができないか考えてみよう。

三角形と平行四辺形の面積の求め方
・(三角形の面積)＝(底辺)×(高さ)÷2　・(平行四辺形の面積)＝(底辺)×(高さ)

(1) 底辺の長さ 8cm，高さ ［(ア)］ cm の三角形の面積から底辺の長さ ［(イ)］ cm，高さ 2cm の三角形の面積をひいて求めます。

面積は，$8 \times $ ［(ア)］ $\div 2 - $ ［(イ)］ $\times 2 \div 2$
$= 20 - 8 = 12$（cm²）

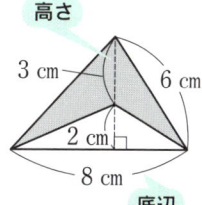

大きな三角形から小さな三角形をひくと考えよう。

答え　12cm²

(2) 右の図のように，白い部分を移動させると，四角形 ABEF は平行四辺形になります。

BE の長さは，

［(ウ)］ $- 4 = $ ［(エ)］（cm）

色をぬった部分の面積は，

$10 \times $ ［(オ)］ $= 80$（cm²）

答え　80cm²

図を移動させると求めやすくなる場合があるね。

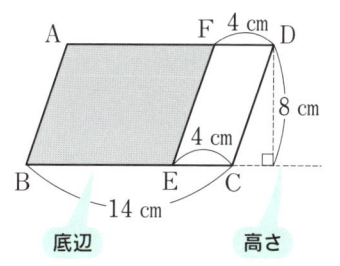

答え　(ア) 5　(イ) 8　(ウ) 14　(エ) 10　(オ) 8

面積　81

例題

右の図のように，円の中心のまわりの角を 12等分して正十二角形をかきます。これについて，次の問題に答えましょう。

(1) あの角の大きさは何度ですか。

> 円の中心を何等分している？

(2) いの角の大きさは何度ですか。

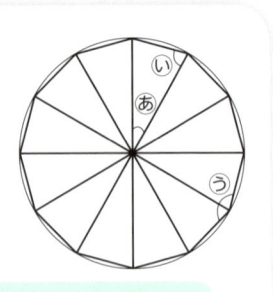

> 図の三角形はどんな三角形？

(3) うの角の大きさは何度ですか。

> いの角との関係は？

---

(1) あの角は，円の中心のまわりの角を12等分した1つ分です。

円の中心のまわりの角の大きさは360°なので，

360°÷12＝30°

> 円の中心のまわりは360°だね。

> ●は全部同じ大きさだね。

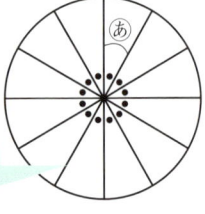

答え 30°

(2) 円の半径はどこも同じ長さだから，右の図の三角形は，すべて二等辺三角形です。いの角の大きさは180°からあの角の大きさをひいて2等分して，

い＝（180°－30°）÷2＝75°

> 二等辺三角形の2つの角の大きさは等しいね。

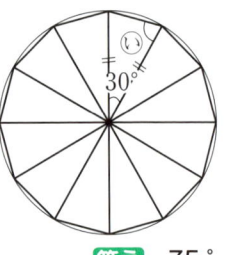

答え 75°

(3) うの角の大きさはいの角の大きさの2倍と等しいので，

う＝75°×2＝150°

答え 150°

練 習

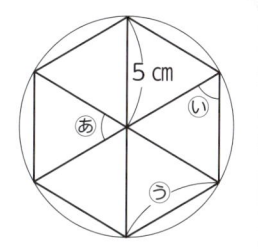

右の図のように、半径が 5cm の円の中心のまわりの角を 6等分して正六角形をかきます。これについて、次の問題に答えましょう。

(1) あの角の大きさは何度ですか。

(2) いの角の大きさは何度ですか。

(3) うの長さは何 cm ですか。

三角形の3つの角の大きさの和は？

図の三角形はどんな三角形？

(1) あの角は、円の中心のまわりの角を ［ (ア) ］ 等分した1つ分だから、［ (イ) ］°÷ 6 ＝ 60°

円の中心のまわりは360°だね。

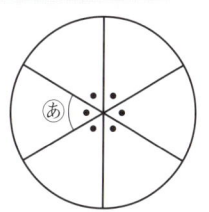

答え 60°

(2) 円の半径はどこも同じ長さだから、図の三角形は、二等辺三角形です。

　い ＝ (［ (ウ) ］° － 60°) ÷ 2
　　 ＝ 60°

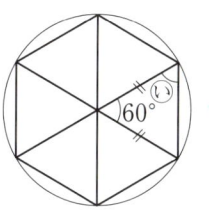

二等辺三角形の2つの角の大きさは等しいね。

三角形の3つの角の大きさの和は180°を使おう。

答え 60°

(3) 図の三角形は3つの角の大きさが全部 ［ (エ) ］° だから、［ (オ) ］ です。うの長さは半径と同じ 5cm です。

正三角形の辺の長さは全部等しいよ。

答え 5cm

答え (ア) 6　(イ) 360　(ウ) 180　(エ) 60　(オ) 正三角形

正多角形と円　83

> **例題**
>
> 右の図のような円を半分にした形があります。これについて，次の問題に答えましょう。円周率は 3.14 とします。 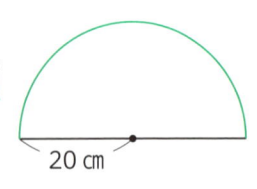
>
> (1) 色のついた部分の長さは何 cm ですか。
>
> > 円周の一部だね。
>
> (2) この図形のまわりの長さは何 cm ですか。
>
> > (1)とどこがちがうかな。

- 円のまわりのことを円周といいます。
- どんな大きさの円も，（円周）÷（直径）は同じ数になり，この数を円周率といいます。
- 円周は，（直径）×（円周率）で求められます。

---

(1) 色のついた部分は円周を2等分にした長さです。

円の直径は $20 \times 2 = 40$（cm）だから，その長さは，$40 \times 3.14 \div 2 = 62.8$（cm）

> 円周率

> （円周）＝（直径）×（円周率）を使おう。

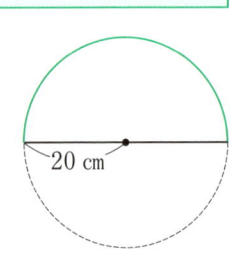

答え 62.8cm

(2) この図形は，色のついた部分と直線でかこまれています。

> 円の直径だね。

色のついた部分と直線の長さをたして，
$62.8 + 20 \times 2 = 62.8 + 40$
$= 102.8$（cm）

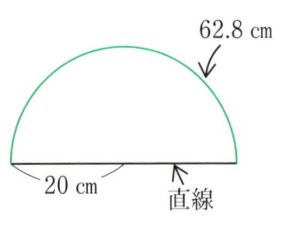

答え 102.8cm

練習

右の図のように，直径 12cm の円を半分にしたものの内側に，直径 8cm の円を半分にしたものをかきます。色をぬった部分のまわりの長さは何 cm ですか。円周率は 3.14 とします。

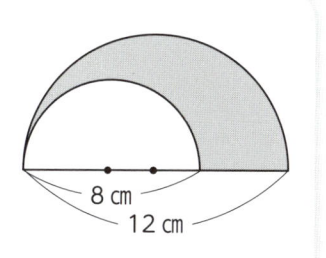

右の図のように，あ，い，うの 3 つの部分に分けて考えます。

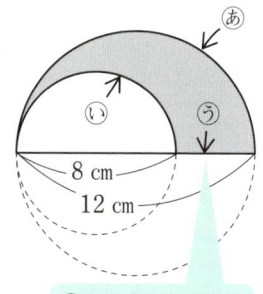

右の図のあの長さは直径 12cm の円の円周を ［(ア)］ 等分した 1 つ分だから，

あの長さは 12 ×［(イ)］÷ 2 = 18.84 （cm）

　　　　　直径　　円周率　　2等分

うの長さをたすのをわすれないように。

いは直径［(ウ)］cm の円の円周を 2 等分した 1 つ分だから，

いの長さは，8 × 3.14 ÷［(エ)］= 12.56 （cm）

うの長さは，［(オ)］− 8 =［(カ)］（cm）

色をぬった部分のまわりの長さは，あといとうをたして，

18.84 +［(キ)］+ 4 = 35.4 （cm）

（円周）＝（直径）×（円周率）を使おう。

答え 35.4cm

答え (ア) 2　(イ) 3.14　(ウ) 8　(エ) 2　(オ) 12　(カ) 4　(キ) 12.56

正多角形と円　85

例題

下の図の㋐と㋑の四角形は合同です。これについて，次の問題に答えましょう。

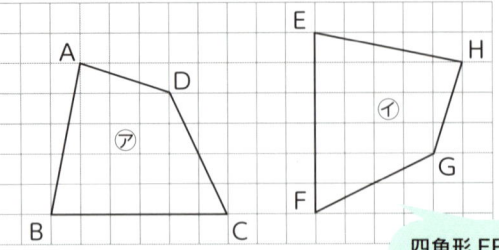

(1) 辺 AB に対応する辺はどれですか。

(2) 四角形 ABCD で，角 G に対応する角はどれですか。

> 四角形 EFGH を回転させてみよう。

合同な図形
- ぴったり重ね合わせることのできる 2 つの図形は，合同であるといいます。
- 合同な図形では，対応する辺の長さは等しく，対応する角の大きさも等しくなっています。

---

(1) 四角形 EFGH を回転させると右の図のようになります。

辺 AB と重なり合う辺は，辺 HE です。

> 四角形 EFGH の向きを四角形 ABCD と同じ向きにして考えよう。

> 頂点 A と頂点 H が対応するよ。
> 頂点 B と頂点 E が対応するよ。

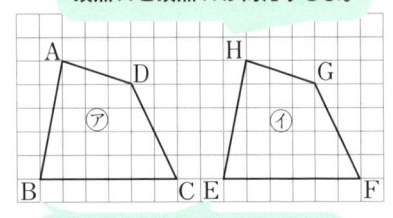

答え 辺 HE

(2) 頂点 G と重なり合う頂点は，頂点 D です。

角 G に対応する角は，角 D です。

答え 角 D

86

練習

右の図の平行四辺形 ABCD で，2つの対角線が交わっている点を E とします。これについて，次の問題に答えましょう。

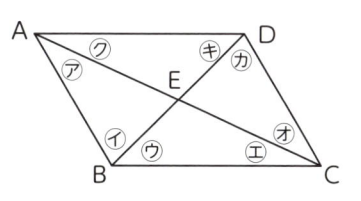

(1) 三角形 ABD と合同な三角形はどれですか。

> 辺 AD と長さの等しい辺は？

(2) 角㋐と大きさの等しい角はどれですか。

> 頂点 A に対応する頂点は？

(1) 辺 AB と長さの等しい辺は，辺 ［ ㋐ ］ です。
辺 AD と長さの等しい辺は，辺 ［ ㋑ ］ です。
辺 BD は共通だから，三角形 ABD と三角形 CDB はぴったり重なります。

> 頂点 A と頂点 C，頂点 D と頂点 B がそれぞれ対応するね。

三角形 ABD と合同な三角形は，三角形 CDB です。

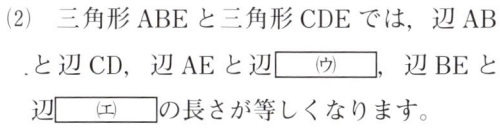

答え 三角形 CDB

(2) 三角形 ABE と三角形 CDE では，辺 AB と辺 CD，辺 AE と辺 ［ ㋒ ］，辺 BE と辺 ［ ㋓ ］ の長さが等しくなります。

三角形 ABE と合同な三角形は，三角形 CDE です。

頂点 A と頂点 ［ ㋔ ］ が対応しているから，角㋐と大きさの等しい角は，角㋔です。

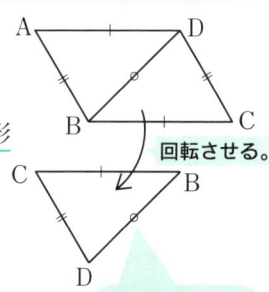

> 回転させる。
> 同じ印のついた辺の長さは等しいよ。
> 平行四辺形の 2 つの対角線はそれぞれのまん中の点で交わるよ。

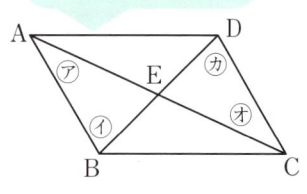

答え 角㋔

答え ㋐ CD　㋑ CB　㋒ CE　㋓ DE　㋔ C

例題

右の直方体について、次の問題に答えましょう。

(1) 面あに垂直な面はいくつありますか。

　　　　垂直ってどういうこと？

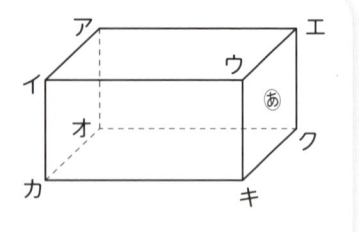

(2) 辺アオと平行な辺はどれですか。全部書きましょう。

直方体と立方体
- 長方形や、長方形と正方形で囲まれた形を直方体といいます。
- 正方形だけで囲まれた形を立方体といいます。

(1) 面と面が交わってできる角が直角のとき、2つの面は垂直であるといいます。右の図で、面あと直角に交わる面は面い、面う、面え、面おの4つです。

　面かは面あに平行です。

　直方体や立方体ではとなり合った面と面は垂直になるよ。

答え 4つ

(2) 右の図で、四角形アイカオと四角形アオクエは長方形です。

　長方形の向かい合った辺は平行だね。

よって、辺イカと辺エクは辺アオと平行です。

また、四角形アオキウも長方形なので、辺ウキも辺アオと平行です。

答え 辺イカ、辺ウキ、辺エク

練習

右の立方体について，次の問題に答えましょう。

> 向かい合った面に注目しよう。

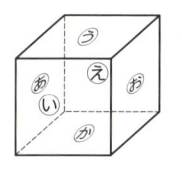

(1) 面㋐に平行な面はどれですか。㋑～㋕までの中から1つ選び，その記号で答えましょう。

(2) 面㋐に垂直な辺はいくつありますか。

> 面㋐ととなり合った面に注目しよう。

どこまでのばしても交わることのない面と面を平行であるといいます。

(1) 右の図で，○●△×をつけた2つの辺はたがいに ［ ㋐ ］ で ［ ㋑ ］ ことがないので，面㋐と面㋕は平行です。

立方体や直方体には平行な面が3組あるよ。

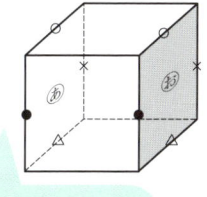

面㋐と面㋕は向かい合っているね。

答え ㋕

(2) 右の図で，面㋐に垂直な面は，面［ ㋒ ］，面［ ㋓ ］，面［ ㋔ ］，面［ ㋕ ］です。これらの面にふくまれる○をつけた辺は面㋐に垂直です。よって，面㋐に垂直な辺は4本あります。

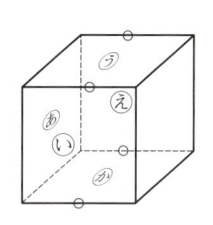

立方体や直方体の1つの面に垂直な辺は4本あるよ。

答え 4つ

答え (ア) 平行　(イ) 交わる　(ウ) ㋑　(エ) ㋒　(オ) ㋓　(カ) ㋕

> **例題**
>
> 右の図のような，ある角柱の展開図を組み立てます。これについて，次の問題に答えましょう。 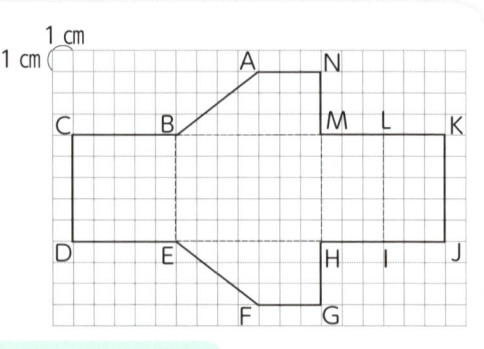
>
> (1) この角柱は何という角柱ですか。
>
> どこが底面になるか考えよう。
>
> (2) この角柱の高さは何 cm ですか。
>
> (3) 点 C と重なる点を全部答えましょう。
>
> 展開図を組み立てた図形を考えよう。

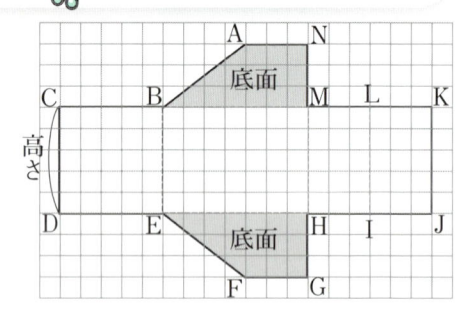

(1) 角柱の 2 つの底面は平行で，合同な多角形です。右の図より底面になるのは面 ABMN と面 FEHG です。底面の形が四角形なので，四角柱です。

2 つの底面は合同で平行だよ。

答え 四角柱

(2) 展開図で，角柱の高さとなる辺の 1 つは，辺 CD だから，角柱の高さは 5cm です。

答え 5cm

(3) 展開図を組み立てると右の図のようになります。
点 C と重なる点は，点 A，点 K です。

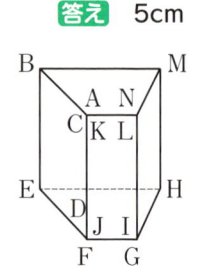

側面の長方形を組み立てると，点 C と点 K が重なるね。

答え 点 A，点 K

練習

右の図は，底面の円の直径が 6cm，高さが 8cm の円柱の展開図です。これについて，次の問題に答えましょう。円周率は 3.14 とします。

(1) 辺アイの長さは何 cm ですか。

> 展開図を組み立てたときどこになるかな。

(2) 辺アエの長さは何 cm ですか。

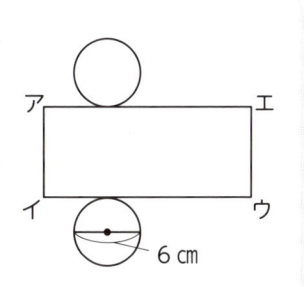

> 底面のまわりの長さと同じだね。

角柱と円柱
- 角柱や円柱の上下の面を底面，横の面を側面といいます。
- 角柱や円柱の底面に垂直な直線で，2つの底面にはさまれた部分の長さを角柱や円柱の高さといいます。

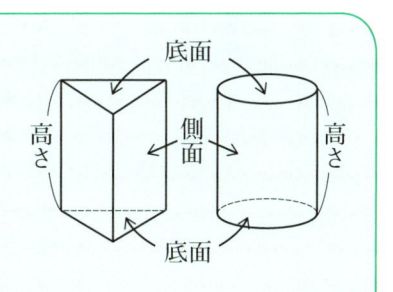

---

(1) 展開図を組み立てると，右の図のようになります。辺 ㋐ は，円柱の高さだから，8cm です。

> 頂点アとエが重なるよ。

> 頂点イとウが重なるよ。

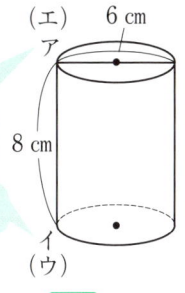

答え 8cm

(2) 辺アエの長さは，底面の ㋑ と等しくなります。

直径 6cm の円の円周の長さは，6 × ㋒ = 18.84（cm）です。

（円周）＝（直径）×（円周率）で求めよう。

答え 18.84cm

答え ㋐ アイ（エウ）　㋑ 円周の長さ　㋒ 3.14

例題

下の図の立体の体積は、それぞれ何 cm³ ですか。

(1) 立方体

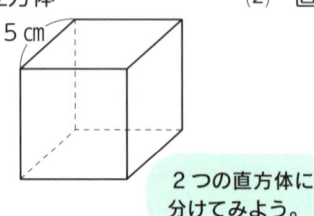

(2) 直方体を組み合わせた立体

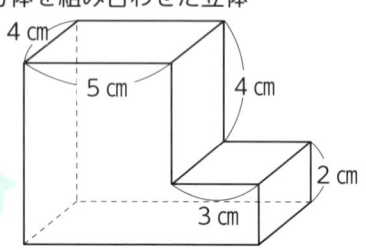

2つの直方体に分けてみよう。

立方体と直方体の体積の求め方
- （立方体の体積）＝（1辺）×（1辺）×（1辺）
- （直方体の体積）＝（たて）×（横）×（高さ）

---

(1) 立方体の1辺の長さは5cm です。

立方体の体積は、$5 \times 5 \times 5 = 125$ （cm³）です。

答え 125cm³

(2) 右の図のように、2つの直方体に分けて求めます。

大きい直方体は、たて4cm、横5cm、高さ $4 + 2 = 6$（cm）です。

小さい直方体は、たて4cm、横3cm、高さ2cm です。立体の体積は、

$4 \times 5 \times 6 + 4 \times 3 \times 2 = 120 + 24 = 144$（cm³）です。

2つの直方体に分けるよ。

答え 144cm³

（別の考え方）

右の図のように大きな直方体から取りのぞく考え方で求めることもできます。

直方体を組み合わせた立体の体積の求め方はほかにもあるよ。

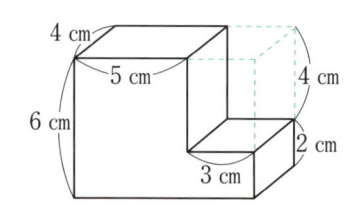

練習

内のり（内側の長さ）が，たて 25cm，横 20cm，深さ 30cm の直方体の形をした水そうがあります。これについて，次の問題に答えましょう。

(1) この水そうの容積（水をいっぱい入れたときの水の体積）は何 cm³ ですか。

　　　直方体の体積を求める式が使えるね。

(2) はるなさんは，この水そうに深さ 7cm まで水を入れました。入れた水の体積は何 cm³ ですか。

　　　高さが7cmの直方体と考えよう。

(3) この水そうにいっぱいまで水を入れた後，深さが 18cm になるまで水をくみ出しました。くみ出した水は何 cm³ ですか。

　　　高さ何 cm 分くみ出した？

---

(1) 水そうの容積は，右の図の直方体の体積を求めればよいから，

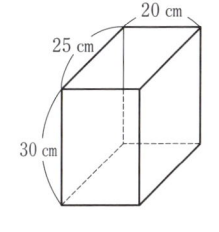

　　$25 \times 20 \times \boxed{(ア)} = 15000$ （cm³）

（直方体の体積）＝（たて）×（横）×（高さ）を使って求めよう。

答え 15000cm³

(2) 水の体積は，右の図のように，高さ $\boxed{(イ)}$ cm の直方体と考えます。

　　$\boxed{(ウ)} \times 20 \times 7 = 3500$ （cm³）

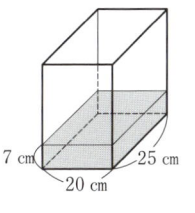

答え 3500cm³

(3) くみ出した分の水の深さは，

　　$30 - \boxed{(エ)} = \boxed{(オ)}$ （cm）

　　くみ出した水の体積は，

　　$25 \times 20 \times \boxed{(オ)} = 6000$ （cm³）

くみ出した水の深さだね。

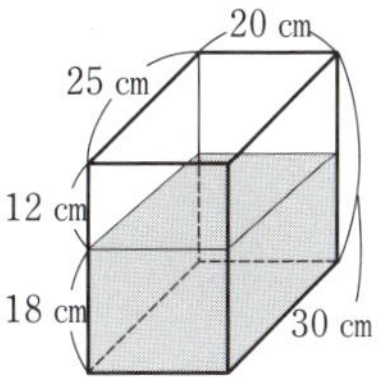

答え 6000cm³

答え (ア) 30　(イ) 7　(ウ) 25　(エ) 18　(オ) 12

付録 確認テスト　答え P107

1 右の図のようなひし形に対角線をひきました。これについて，次の問題に答えましょう。

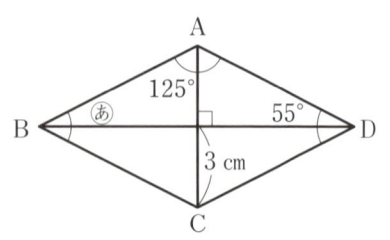

(1) あの角の大きさは何度ですか。

(2) 対角線ACの長さは何cmですか。

2 右の図のような2本の直線を対角線とする四角形があります。この四角形は何という四角形ですか。次の㋐〜㋓までの中から1つ選び，その記号で答えましょう。

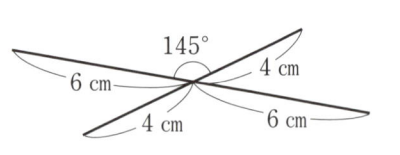

㋐ 正方形　㋑ 平行四辺形　㋒ ひし形　㋓ 長方形

3 右の図形の面積は何cm²ですか。図形の角は全部直角です。

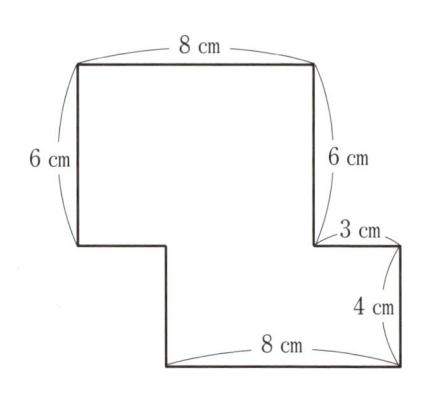

4 右の図のように，円の中心のまわりの角を5等分して正五角形をかきます。これについて，次の問題に答えましょう。

(1) あの角の大きさは何度ですか。

(2) いの角の大きさは何度ですか。

(3) うの角の大きさは何度ですか。

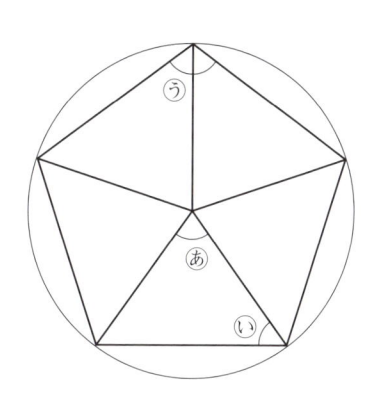

5 右の図形は，半径12cmの円を半分にしたものの内側に，直径12cmの円を半分にしたものをかいたものです。色をぬった部分のまわりの長さは何cmですか。

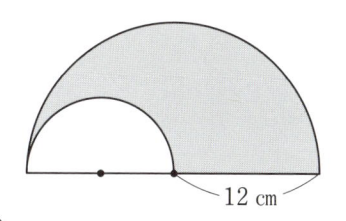

6 2つの図形がいつも合同になるものを，次の㋐〜㋓までの中からすべて選び，その記号で答えましょう。

㋐ 2つの辺の長さが5cmと8cmで，1つの角が40°の2つの三角形

㋑ 3つの辺の長さが3cm，4cm，5cmの2つの三角形

㋒ 3つの角が60°，30°，90°の2つの三角形

㋓ 1辺の長さが6cmの2つの正方形

❼ 右の展開図を組み立てて，立方体をつくります。これについて，次の問題に答えましょう。

(1) 辺ABと重なるのはどの辺ですか。

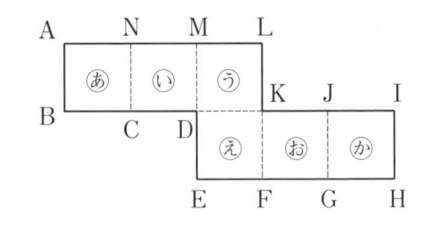

(2) 点Ｉと重なるのはどの点ですか。

(3) 面⑤と平行になるのはどの面ですか。

❽ 右の図は，直方体を組み合わせた立体です。この立体の体積は何cm³ですか。

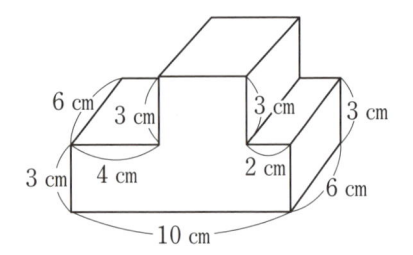

解答と解説

[実用数学技能検定 文章題練習帳 7級]

第1章 数と式に関する問題 p.34

解答

① (1) 24cm (2) 72cm

② (1) 14
  (2) 男子…4人　女子…3人

③ 108.1L

④ 2.6倍

⑤ 28本とれて，0.6m あまる

⑥ (1) $\frac{13}{24}$ L (2) $\frac{7}{8}$ L

⑦ (1) $2\frac{2}{3}$ kg (2) $\frac{1}{18}$ kg

⑧ およそ 399000 人

⑨ (1) （180 ＋ 40）× 3
  (2) フランスパン…5 個
     ロールパン…5 個

⑩ (1) 12
  (2) ○＋□＝20（○＝20－□，□＝20－○）

解説

①
(1) 辺の長さが 6 と 8 の公倍数のとき，正方形になります。できるだけ小さい正方形をつくるので，最小公倍数を考えます。

6 の倍数は　6，12，18，㉔，…
8 の倍数は，8，16，㉔，32，…

6 と 8 の最小公倍数は，24 だから，正方形の 1 辺の長さは 24cm です。

答え　24cm

(2) 6 と 8 の公倍数は 24 の倍数です。24，48，72，…だから，小さいほうから数えて 3 番めの正方形の 1 辺の長さは 72cm です。

答え　72cm

②
(1) あまりが出ないようにできるだけ多くのグループをつくるので，56 と 42 の最大公約数を考えます。
56 の約数は，①，②，4，⑦，8，⑭，28，56
42 の約数は，①，②，3，6，⑦，⑭，21，42
56 と 42 の最大公約数は 14 なので，求めるグループの数は 14 です。

答え　14

(2) 1 つのグループの男子，女子の人数は，人数をグループの数でわって，
男子…56 ÷ 14 ＝ 4（人）
女子…42 ÷ 14 ＝ 3（人）

答え　男子…4 人，女子…3 人

③
かけ算をします。
4.7 × 23 ＝ 108.1（L）

98

```
    4.7  ←小数点より下のけた数 1
  × 2 3  ←小数点より下のけた数 0
  ─────
    1 4 1
  9 4
  ─────
  1 0 8.1  ←小数点より下のけた数
              1＋0＝1
```

答え　108.1L

❹

家から図書館までの道のりをもとに，家から公園までの道のりが何倍かを考えるので，家から公園までの道のりがわられる数，家から図書館までの道のりがわる数になります。

（家から公園までの道のり）÷（家から図書館までの道のり）なので，

$1.95 \div 0.75 = 2.6$（倍）

答え　2.6倍

```
           2.6
  0.75.)1.95.
         1 5 0
         ─────
           4 5 0
           4 5 0
         ─────
               0
```

①小数点はいちばん右にずらす。
②わる数と同じだけ小数点をずらす。
③商の小数点はずらした小数点に合わせる。

❺

あまりが出るときの筆算は下のように計算します。

$37 \div 1.3 = 28$ あまり 0.6

```
           2 8.
  1.3.)3 7.0.
         2 6
         ─────
           1 1 0
           1 0 4
         ─────
             0.6
```

①小数点はいちばん右にずらす。
②わる数と同じだけ小数点をずらす。
③商の小数点はずらした小数点に合わせる。
④あまりはもとの小数点をそのままおろす。

答え　28本とれて，0.6mあまる

❻

それぞれの分母の最小公倍数で通分して計算します。

(1) $\dfrac{3}{8} + \dfrac{1}{6} = \dfrac{9}{24} + \dfrac{4}{24} = \dfrac{13}{24}$（L）

答え　$\dfrac{13}{24}$ L

(2) 通分したあと分数部分のひき算ができない場合は，帯分数を仮分数にして計算します。

$1\dfrac{1}{4} - \dfrac{3}{8} = 1\dfrac{2}{8} - \dfrac{3}{8}$
$= \dfrac{10}{8} - \dfrac{3}{8} = \dfrac{7}{8}$（L）

答え　$\dfrac{7}{8}$ L

❼

計算のとちゅうで約分できるときは約分します。

(1) $\dfrac{4}{9} \times 6 = \dfrac{4 \times \overset{2}{6}}{\underset{3}{9}} = \dfrac{8}{3} = 2\dfrac{2}{3}$（kg）

答え　$2\dfrac{2}{3}$ kg

(2) $\dfrac{4}{9} \div 8 = \dfrac{\overset{1}{4}}{9 \times \underset{2}{8}} = \dfrac{1}{18}$（kg）

答え　$\dfrac{1}{18}$ kg

❽

はじめにおよその数にしてから計算します。百の位を四捨五入すると，

182729 → 183000,

216437 → 216000 だから,

183000 + 216000 = 399000（人）

　　　答え　およそ399000人

❾

(1) 180gのフランスパンと40gのロールパンをそれぞれ1個ずつふくろにつめるので, <u>1つのふくろの重さを式で表すと, 180 + 40 (g)</u> になります。

　ふくろが3ふくろあるので3倍します。全部の重さを求める式は, (180 + 40) × 3 です。

＋と×では×を先に計算するので, 式の意味が変わらないように180 + 40に（ ）をつけるのをわすれないようにしましょう。

　　　答え　(180 + 40) × 3

(2) 全部の重さを1つのふくろの重さでわると, 1.1kg = 1100g より,

1100 ÷ (180 + 40)

= 1100 ÷ 220

= 5（ふくろ）

　フランスパンとロールパンは1つのふくろに1個ずつ入っているので5つのふくろには5個ずつあります。

　　　答え　フランスパン…5個
　　　　　　ロールパン…5個

❿

しずかさんの おはじき（個）	2	4	6	8	10
妹のおはじき （個）	18	16	14	ア	10

(1) おはじきは全部で20個あるので, しずかさんが8個のとき, 妹は 20 − 8 = 12（個）になります。

　　　答え　12

(2) <u>しずかさんのおはじきの数と妹のおはじきの数を合わせると20個になるので,</u>

○＋□＝20 と表せます。

　　答え　○＋□＝20（○＝20−□, □＝20−○）

第2章　単位量あたりの大きさ p.44

解答

❶ 65.5g

❷ 17人

❸ 68点

❹ (1) 65円

　(2) B店が5円高い

❺ (1) 35まい　(2) 27分

❻ A市…およそ970人

　B市…およそ590人

❼ (1) Bのエレベーター

　(2) 73kg

100

解説

❶

4日間に産んだたまごの重さの合計は，64 + 67 + 66 + 65 = 262（g）

4日間に産んだたまごの重さの平均は，平均＝合計÷個数なので，

262 ÷ 4 = 65.5（g）

答え　65.5g

❷

月曜日から金曜日までの5日間に学校を休んだ人数は，合計＝平均×日数なので，

3.4 × 5 = 17（人）

答え　17人

❸

クラス全体の平均点を求めるので，はじめに，クラス全体の合計点を考えます。合計＝平均×人数なので，

男子20人のテストの合計点は，
66.5 × 20 = 1330（点）

女子15人のテストの合計点は，
70 × 15 = 1050（点）

クラス35人のテストの合計点は，
1330 + 1050 = 2380（点）

クラス35人のテストの平均点は，平均＝合計÷人数なので，

2380 ÷ 35 = 68（点）

答え　68点

❹

(1) えん筆1本あたりのねだんなので10でわります。

650 ÷ 10 = 65（円）

答え　65円

(2) B店のえん筆1本あたりのねだんは，840 ÷ 12 = 70（円）だから，B店がA店よりも

70 − 65 = 5（円）高いです。

答え　B店が5円高い

❺

(1) 1分間あたりのまい数なので4でわります。

140 ÷ 4 = 35（まい）

答え　35まい

(2) このコピー機は1分間で35まい印刷することができるから，945まい印刷するのに必要な時間は，

945 ÷ 35 = 27（分）

答え　27分

❻

人口密度は面積1km² あたりの人口を表したもので，

人口密度（人）＝人口（人）÷面積（km²）で計算します。

A市の人口密度は，

603000 ÷ 620 = 972.58…（人）

上から2けたのがい数で答えるの

で，上から3けため を四捨五入して970人です。

B市の人口密度は，

$286000 ÷ 487 = 587.26…（人）$

上から3けため を四捨五入して590人です。

答え　A市…およそ970人
**　　　B市…およそ590人**

❼
(1) 1m²あたりの人数を考えます。

Aのエレベーターの1m²あたりの人数は，

$16 ÷ 5 = 3.2（人）$

Bのエレベーターの1m²あたりの人数は，

$9 ÷ 2.4 = 3.75（人）$

Bのエレベーターのほうが1m²あたりの人数が多いので，混んでいるのはBのエレベーターです。

答え　Bのエレベーター

(2) 1人あたりの重さを考えます。

800kgを11人でわると，

$800 ÷ 11 = 72.72…（kg）$ (with 3 above the 2)

小数第1位を四捨五入するので，7を切り上げます。答えは73kgです。

答え　73kg

第3章　割合と百分率　p.52

解答

❶ (1) 0.74　(2) 1.8
　 (3) 0.6

❷ (1) 75%　(2) 30%
　 (3) 6割4分

❸ A店

❹ 160円

❺ 70人

❻ (1) 0.75倍　(2) 48cm

❼ (1) 360g　(2) 26%

❽ (1) 270g　(2) 10g

❾ (1) 2700円
　 (2) かばんAが70円安く買える。

解説

❶
割合は，

割合＝くらべる量÷もとにする量で求めます。

(1) 62.9cmがくらべる量，85cmがもとにする量だから，

$62.9 ÷ 85 = 0.74$

答え　0.74

(2) 36kgがくらべる量，20kgがも

102

とにする量だから,
36 ÷ 20 = 1.8

答え　1.8

(3) 87人がくらべる量, 145人がもとにする量だから,
87 ÷ 145 = 0.6

答え　0.6

❷
割合は, 小数, 百分率, 歩合の表し方があるので注意しましょう。

(1) 30kgがくらべる量, 40kgがもとにする量だから,
30 ÷ 40 = 0.75
0.75 は 75 % です。

答え　75 %

(2) 単位がちがう場合はそろえてから計算します。13L は 130dL なので,
39 ÷ 130 = 0.3
0.3 は 0.30 なので, 30 % です。

答え　30 %

(3) 割合を歩合で表します。
歩合では, 割合の 0.1 を 1 割, 0.01 を 1 分, 0.01 を 1 厘として表します。
96 ÷ 150 = 0.64
0.64 は 6 割 4 分です。

答え　6 割 4 分

割合を表す小数	1	0.1	0.01	0.001
百分率	100 %	10 %	1 %	0.1 %
歩合	10 割	1 割	1 分	1 厘

❸
A店のあたりくじの割合は, あたりくじの本数を全体の本数でわって,
10 ÷ 40 = 0.25 です。

B店のあたりくじの割合は,
7 ÷ 35 = 0.2 です。

あたりくじの割合が大きいのは, A店です。

答え　A店

❹
キャベツ1個のねだんがもとにする量, トマト1個のねだんがくらべる量なので, くらべる量＝もとにする量×割合より
250 × 0.64 = 160（円）

答え　160 円

❺
先週本を借りた人数がもとにする量, 今週本を借りた人数がくらべる量で 77 人なので, もとにする量＝くらべる量÷割合より
77 ÷ 1.1 = 70（人）

答え　70 人

❻
(1) 割合＝くらべる量÷もとにする量なので,
60 ÷ 80 = 0.75（倍）

答え　0.75 倍

解答と解説　103

(2) 青いリボンの長さがもとにする量，1.25 が割合，黄色いリボンの長さがくらべる量で 60cm です。

　もとにする量＝くらべる量÷割合 なので，

60 ÷ 1.25 ＝ 48（cm）

<u>答え　48cm</u>

❼
(1) 45 ％は，小数で 0.45 です。もとにする量がメロン全体の重さで 800g，割合が 0.45 より，

　くらべる量＝もとにする量×割合 なので，

800 × 0.45 ＝ 360（g）

<u>答え　360g</u>

(2) いちばん小さなメロンの重さがくらべる量，メロン全体の重さがもとにする量です。いちばん小さなメロンの重さのメロン全体の重さに対する割合は，

208 ÷ 800 ＝ 0.26

0.26 は，百分率で 26 ％です。

<u>答え　26 ％</u>

❽
(1) 35 ％は，0.35 だから，ふえたぶた肉の量は，

　くらべる量＝もとにする量×割合 より，

200 × 0.35 ＝ 70（g）

もとのぶた肉の量をたして，

200 ＋ 70 ＝ 270（g）

<u>答え　270g</u>

（別の考え方）

　もとのぶた肉の量の割合は 100 ％なので，35 ％ふやしたときの大きいパックのぶた肉の量の割合は，100 ＋ 35 ＝ 135（％）です。

135 ％は 1.35 だから，大きいパックのぶた肉の量は，

　くらべる量＝もとにする量×割合 より，

200 × 1.35 ＝ 270（g）

(2) 割合のちがいは，

40 － 35 ＝ 5（％）です。

5 ％は，0.05 だから，ぶた肉の量のちがいは，

200 × 0.05 ＝ 10（g）

<u>答え　10g</u>

（別の考え方）

　40 ％は 0.4 だから，ふやすぶた肉の量は，

　くらべる量＝もとにする量×割合 より

200 × 0.4 ＝ 80（g）

ぶた肉の量のちがいは

80 － 70 ＝ 10（g）

❾
(1) 買ったねだんは，定価の（100 － 25）％だから，定価に割合

をかけて，
3600 × (1 － 0.25) ＝ 2700（円）

答え　2700円

(2)　かばんAのねだんは，
1800 × (1 － 0.15) ＝ 1530（円）
かばんBのねだんは，
2000 × (1 － 0.2) ＝ 1600（円）
かばんAがかばんBより，
1600 － 1530 ＝ 70（円）安く買えます。

答え　かばんAが70円安く買える。

第4章　表とグラフに関する問題　p.68

解答

1 (1) 16人　(2) 7人

2 (1) 27度　(2) 午前10時

3 (1) 66人　(2) 1.5倍

4 (1) 38％　(2) 1.4倍
　　(3) 36人

5 ㋐, ㋒

解説

1
(1)　竹馬ができないらんの横方向と，一輪車(いちりんしゃ)ができないらんのたて方向が交わるところを調べます。

		一輪車		合計
		できる	できない	
竹馬	できる			
	できない	5	16	㋐
	合計	12		35

上の表の㋐の人数があてはまるから，16人です。

答え　16人

(2)

		一輪車		合計
		できる	できない	
竹馬	できる		㋒	
	できない	5	16	
	合計	12	㋑	35

竹馬ができて一輪車ができない人は上の表で㋒にあてはまります。㋒にあてはまる人数を求めるために，まず㋑の人数を求めます。
一輪車ができる人数とできない人数をたすと35人です。㋑の人数は 35 － 12 ＝ 23（人）です。
一輪車ができない人のらんで，竹馬ができる人（㋒）とできない人をたした人数が㋑になるので，㋒の人数は㋑の人数から16をひいて，23 － 16 ＝ 7（人）です。

答え　7人

❷

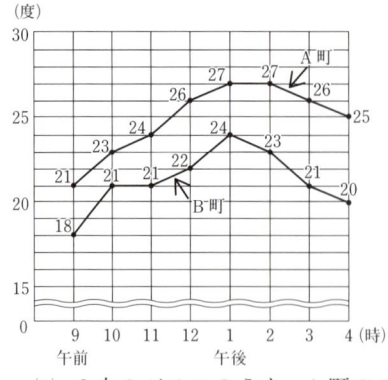

(1) 2本のグラフのうち，A町のグラフは，上のグラフです。午後2時の気温は，25度より2度高いから，27度です。

<u>答え　27度</u>

(2) A町とB町の気温の差は，2つのグラフの高さの差で表されています。2つのグラフの間がいちばんせまいのは午前10時です。

<u>答え　午前10時</u>

❸

(1) 体育と答えた人の割合は児童全体の33％です。33％は0.33だから，<u>もとにする量は200人で</u><u>割合は0.33</u>です。<u>体育と答えた人数はくらべる量</u>なので，

<u>くらべる量＝もとにする量×割合</u>
より，
$200 \times 0.33 = 66$（人）

<u>答え　66人</u>

(2) 国語と答えた人の割合は24％，図画工作と答えた人の割合は16％です。<u>国語と答えた人の割合がくらべる量，図画工作と答えた人の割合がもとにする量</u>なので，$24 \div 16 = 1.5$（倍）

<u>答え　1.5倍</u>

❹

(1) グラフのめもりを読みます。めもりは，38％です。

<u>答え　38％</u>

(2) <u>円グラフの区切りのめもりを読んで，ピンクと黒の割合を計算します。</u>ピンクと答えた人の割合は，$72 - 58 = 14$（％），黒と答えた人の割合は，$94 - 84 = 10$（％）です。<u>ピンクと答えた人の割合がくらべる量，黒と答えた人の割合がもとにする量</u>なので，
$14 \div 10 = 1.4$（倍）

<u>答え　1.4倍</u>

(3) 緑と答えた人の割合は，$84 - 72 = 12$（％）です。<u>もとにする量は300人で，割合は0.12</u>です。緑と答えた人数はくらべる量なので，

<u>くらべる量＝もとにする量×割合</u>
より，
$300 \times 0.12 = 36$（人）

<u>答え　36人</u>

5

㋐ あずきにふくまれている成分でいちばん割合が多いのは炭水化物なので，まちがっています。

㋑ 大豆にふくまれている炭水化物の割合は，帯グラフの区切りのめもりから計算して，
63 − 35 = 28（%），脂質の割合は 82 − 63 = 19（%）なので，正しいです。

㋒ あずきにふくまれている炭水化物の割合は 59 % なのでまちがっています。

㋓ 大豆の水分の割合は
95 − 82 = 13（%），あずきの水分の割合は 94 − 79 = 15（%）なので，正しいです。

答え　㋐, ㋒

付録　図形に関する問題　p.94

解答

1 (1) 55 度　(2) 6cm

2 ㋑

3 80cm²

4 (1) 72°　(2) 54°
(3) 108°

5 68.52cm

6 ㋑, ㋓

7 (1) 辺 GF　(2) 点 M
(3) 面㋐

8 252cm³

解説

1

ひし形は，辺の長さがみんな等しい四角形です。向かい合う 2 組の辺が平行で，向かい合う角の大きさも等しくなっています。また，ひし形の 2 本の対角線はそれぞれのまん中の点で直角に交わります。

(1) ひし形の向かい合った角の大きさは等しいから 55 度です。

答え　55 度

(2) ひし形の 2 本の対角線はそれぞれのまん中の点で交わるから，
3 × 2 = 6（cm）です。

答え　6cm

2

四角形の種類と特ちょうを整理しましょう。

台形…向かい合う 1 組の辺が平行な四角形です。

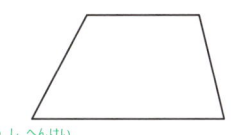

平行四辺形…向かい合う 2 組の辺が平行な四角形です。向かい合う辺の

長さは等しく，向かい合う角の大きさも等しくなっています。また，平行四辺形の2本の対角線はそれぞれのまん中の点で交わります。

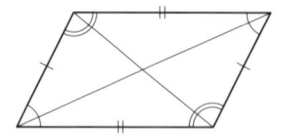

ひし形…辺の長さがみんな等しい四角形です。向かい合う2組の辺が平行で，向かい合う角の大きさも等しくなっています。また，ひし形の2本の対角線はそれぞれのまん中の点で直角に交わります。

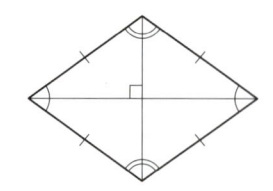

長方形…角の大きさがみんな等しい（直角になっている）四角形です。向かい合う2組の辺が平行で，向かい合う辺の長さも等しくなっています。また，長方形の2本の対角線の長さは等しく，それぞれのまん中の点で交わります。

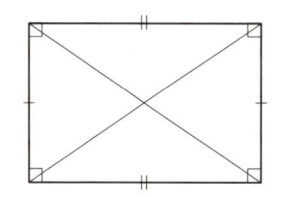

正方形…辺の長さがみんな等しく，角の大きさがみんな等しい（直角になっている）四角形です。向かい合う2組の辺が平行になっています。また，正方形の2本の対角線の長さは等しく，それぞれのまん中の点で直角に交わります。

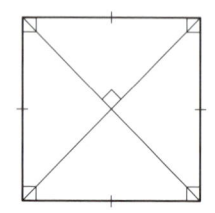

この問題では，対角線に注目します。問題の図の四角形の2本の対角線は，それぞれのまん中で交わっています。長さはことなり，直角に交わっていません。

よって，この四角形は④の平行四辺形です。

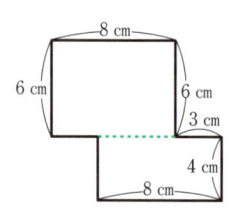

答え　④

❸

上と下の2つの長方形に分けると，
6×8＋4×8＝80（cm²）

答え　80cm²

(別の考え方)

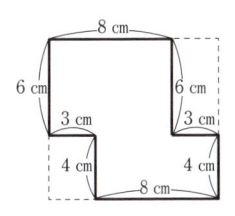

大きい長方形から2つの長方形を取りのぞいたと考えて，
$10 \times 11 - 4 \times 3 - 6 \times 3 = 80$（cm²）

❹

(1) 円の中心のまわりの角の大きさは360°，あの角の大きさは，この角を5等分した角の大きさなので，$360° \div 5 = 72°$

答え　72°

(2) 右の図のような三角形OABを考えます。辺OAと辺OBは円の半径だから長さが等しいので，三角形OABは二等辺三角形です。

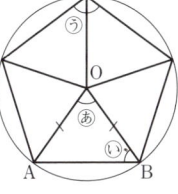

いの角の大きさは，180°からあの角の大きさをひいて2でわればよいので，

$(180° - 72°) \div 2 = 54°$

答え　54°

(3) 正五角形の中の5つの三角形は，合同な三角形です。うの角の大きさはいの角の大きさの2倍と等しくなるので，

$54° \times 2 = 108°$

答え　108°

❺

大きい半円の直径は$12 \times 2 = 24$（cm）で，24cmです。小さい半円の直径は12cmです。色をぬった部分のまわりの長さは，大きい円の円周の長さの半分＋小さい円の円周の長さの半分＋大きい円の半径なので，

$24 \times 3.14 \div 2 + 12 \times 3.14 \div 2 + 12$
$= (24 + 12) \times 3.14 \div 2 + 12$
$= 18 \times 3.14 + 12$
$= 68.52$（cm）

答え　68.52cm

❻

㋐

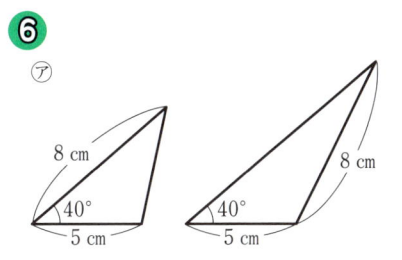

上の2つの三角形は合同ではありません。

㋑　この2つの三角形は，形も大きさも同じになるから，いつも合同です。

ウ

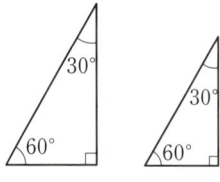

上の2つの三角形は合同ではありません。

エ　この2つの正方形は，すべての辺の長さが等しく，すべての角の大きさが等しいので，いつも合同です。

　　　　　　　答え　イ，エ

7

展開図を組み立てると右の図のような立方体になります。

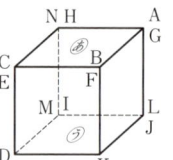

(1) 展開図の点Aと点G，点Bと点Fが重なるので，辺ABと辺GFが重なります。

　　　　　　　答え　辺GF

(2) 展開図の点Iは点Mと重なります。

　　　　　　　答え　点M

(3) 面うと平行になる面は面あで，残りの面は面うと垂直になります。

　　　　　　　答え　面あ

8

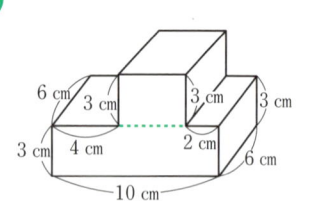

上と下の2つの直方体に分けると，
$10 - 4 - 2 = 4$ (cm)
$\underline{6 \times 4 \times 3} + \underline{6 \times 10 \times 3} = 252$ (cm³)
上の直方体　　下の直方体

　　　　　　　答え　252cm³

(別の考え方)

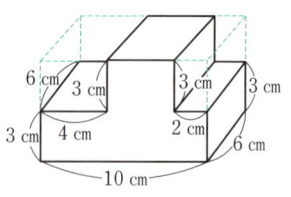

大きな直方体から2つの小さな直方体を取りのぞくと考えます。大きな直方体の高さは $3 + 3 = 6$ (cm) なので，
$6 \times 10 \times 6 - 6 \times 4 \times 3 - 6 \times 2 \times 3 = 252$ (cm³)

110

- 執筆・編集協力：有限会社マイプラン
- DTP：藤原印刷株式会社
- カバーデザイン：星 光信（Xing Design）
- カバーイラスト：たじま なおと

実用数学技能検定 文章題練習帳 算数検定7級

2015年10月16日 初　版発行
2023年 1 月 3 日　第3刷発行

編　者　　公益財団法人 日本数学検定協会
発 行 者　髙田 忍
発 行 所　公益財団法人 日本数学検定協会
　　　　　〒110-0005 東京都台東区上野五丁目1番1号
　　　　　FAX 03-5812-8346
　　　　　https://www.su-gaku.net/

発 売 所　丸善出版株式会社
　　　　　〒101-0051 東京都千代田区神田神保町二丁目17番
　　　　　TEL 03-3512-3256　FAX 03-3512-3270
　　　　　https://www.maruzen-publishing.co.jp/

印刷・製本　藤原印刷株式会社

ISBN978-4-901647-57-1　C0041

©The Mathematics Certification Institute of Japan 2015 Printed in Japan

＊落丁・乱丁本はお取り替えいたします。
＊本書の内容の全部または一部を無断で複写複製（コピー）することは著作権法上での例外を除き、禁じられています。
＊本の内容についてお気づきの点は、書名を明記の上、公益財団法人日本数学検定協会宛に郵送・FAX（03-5812-8346）いただくか、当協会ホームページの「お問合せ」をご利用ください。電話での質問はお受けできません。また、正誤以外の詳細な解説指導や質問対応は行っておりません。